核科学技术的历史、发展与未来

吴明红　王传珊　编著

科 学 出 版 社

北 京

内 容 简 介

本书是关于核科学技术的导论性书籍，深入浅出地介绍了一个多世纪以来核科学技术的发展史、核科学的基础知识和核科学技术的应用，并展望了未来。本书共分十三章，内容涵括了核科学的基础知识，核能的利用，核科学技术与医学、材料、环境、宇宙学等学科的交叉，以及辐射加工、辐射防护、剂量学等内容，尤其介绍了蒙特卡罗方法及其在核科技领域的应用实例。本书还对反应堆、核电站、同步辐射、医用加速器等大型辐射设备的原理、构造、屏蔽、应用和发展前景作了介绍。本书在较为全面地介绍核科学技术过去、现状及未来的基础上，提供了大量翔实的材料，包括国内外最新技术成果，可供对核科学感兴趣的读者参阅。

本书既可作为非核专业学生的基础课教材，也可作为从事核能应用、核科学技术交叉学科等方面工作的科研工作者及相关工作人员的专业培训教材或参考书。

图书在版编目（CIP）数据

核科学技术的历史、发展与未来 / 吴明红，王传珊编著. — 北京：科学出版社，2015.10

ISBN 978-7-03-045922-0

Ⅰ. ①核… Ⅱ. ①吴… ②王… Ⅲ. ①核技术 – 研究 Ⅳ. ①TL

中国版本图书馆CIP数据核字（2015）第239651号

责任编辑：张淑晓　崔慧娴 / 责任校对：彭珍珍
责任印制：徐晓晨 / 封面设计：楠竹文化发展有限公司

科学出版社 出版
北京东黄城根北街 16 号
邮政编码：100717
http://www.sciencep.com

北京虎彩文化传播有限公司 印刷
科学出版社发行　各地新华书店经销
*
2015年10月第 一 版　开本：787×1092 1/16
2021年 1 月第六次印刷　印张：17 1/4
字数：250 000

定价：68.00元
（如有印装质量问题，我社负责调换）

序

将禁锢在原子核中的巨大能量释放出来，这是翻天覆地的伟大事件。从此，地质代中出现了一个"人类纪"，表明人类的痕迹在地质层中有所记录，这个痕迹是原子弹爆炸留下的。从此，自然科学界、国民经济领域、社会生活乃至国际格局，都发生了深刻的变化。核科学技术的触角伸向各个领域，魔法似的改变随之发生。核科学技术推动了经济的发展，同时造福了人类。

该书提供了大量的历史资料，重现了核科学技术发展初期那些惊天动地的事件，曲折而艰难的道路，以及求索者不倦的追求，希望对读者有所启迪。编著者还从自身的积累出发，浅述了核科学技术在各领域的应用，其中包括在环境方面的应用，模拟微观粒子在系统中运动过程的蒙特卡罗方法，核辐射剂量学和辐射防护，等等。

普通公众对于核科学技术的了解，主要来自原子弹的爆炸和核电站的事故，看法不免有所偏颇。鉴于此，该书用较大的篇幅叙述了核电站、同步辐射装置、加速器等典型核设备的原理、设计与应用，重点叙述了对辐射的屏蔽，以帮助读者正确、全面地看待核科学技术的应用。

该书每章末都有结语，总结本章内容并发表编著者的若干感悟。

核科技方兴未艾。"人造太阳"——可控核聚变将成为现实，聚变电站将比裂变电站更高效、更环保；核科学技术的发展将对微观世界的探索和宇观世界的探索同时产生不可替代的作用；核科学技术自然会因为它的可持续发展而得到保护。

该书编著者长期工作在核科学技术领域的第一线，基础理论扎实，实际经验丰富，成果丰硕。相信该书的出版一定会使读者受益。

柴之芳

2015 年 4 月 8 日

前　言

　　本书是供非核专业人员阅读的核科学和技术的导论性书籍，介绍核科学的发展史、基础知识、主要技术成果和核与其他学科领域交叉的新发展。本书力图用通俗的语言讲清基本科学原理，使读者了解科学知识，学习科学方法，提升科学素质。

　　20 世纪前半叶，是核科学从诞生到发展壮大的时期。19 世纪末，放射性现象被偶然发现，此后越来越多的放射性核素不断被发现，人们对它们的性质进行了研究，很快就弄清了原子核是由中子和质子组成的，其结构就像一个紧密、坚实的小球，由一种叫做核力的强大吸引力将中子和质子紧密结合在一起。不久，人们又发现，一个放射性核可自发地放出一个粒子（如中子、质子或电子）变成另一个核；也可以用中子、质子和 α 粒子轰击原子核，使它变成另一个核，甚至可以轰击一个较重的核，使其变成两个较轻的核，或将两个轻核聚变成较重的核。人们还发现，上述过程中有能量释放，这就是核裂变和核聚变。

　　从发现放射性到发现核裂变与核聚变，经历了长达 40 多年的时间；但是从发现核裂变到造出原子弹，却不到十年。时值第二次世界大战（以下简称二战），是战争将核科学到核技术的转化期缩短了。核弹的强大破坏力使人类受到极大的震撼。二战结束后，反对使用核武器的呼声日渐高涨，在此后数十年中，核技术从军用逐渐转移到民用，核电站便是其最重要的应用之一。核电站与原子弹基于同样的核裂变原理，不同的是：原子弹是在瞬间放出强大能量，核电站是持续而平稳地放出能量。同时，原子能在其他领域中的和平利用也迅速发展。例如，在工业上用于密度、厚度测定和料位控制及材料改性和医用产品灭菌；在农业上用于诱变育种；在地质上用于探矿；在考古上用于鉴定文物年代；在医学上用于探病、治病；在刑侦上用于破案、测爆；等等。

近年来，核技术在医学上的应用发展迅速，形成核医学这样一个核技术与医学的交叉学科。随着加速器技术和计算机技术的发展，放射治疗已成为各大医院治疗癌症的常规手段，但这需要医生与核技术人员的紧密配合，才能做到精确定位、合理剂量，获得最佳疗效。在航天领域，核辐射环境对飞行器电子元件的影响不容忽视，形成了"抗辐射加固"的专项研究，由核辐射技术人员与航天技术人员协力攻关，取得了不菲的成果。基于核科学而问世的现代宇宙学——宇宙起始于一场大爆炸的模型，被公众接受，现代天文学的许多观察结果都得到了合理的解释。

在核科学自身领域，由于核与基本粒子线度极小、结合极其紧密，对它们进行研究需要大型的高能设备，如高能粒子加速器、同步辐射装置、散裂中子源等。对它们的研制被称为"大科学工程"。所谓"大"，一是规模极大，有的将整座山作为基础，有的建在隧道里；二是涉及学科门类多，其建成与应用涉及众多学科，成为面向全球的服务平台。

核科学的发展和核能的广泛应用，是 20 世纪最瞩目的科学成就，但是也带来很多环境和安全问题。20 世纪中期频繁进行的大气层核试验，对大气和土壤的污染已经显现出来。1979 年、1986 年和 2011 年发生的三次严重核电站事故，使很多人"谈核色变"，其负面作用影响了很多国家的能源政策。另外，核工程的废物处理，包括短期和永久处置、运输等都存在不少问题，在使用、保存、运输等环节也发生过不少意外及事故。这导致核技术发展的几度曲折，包括核科学技术研究规模缩小、经费投入减少、核科学技术的专业培训停办等。

核科学与技术带给人类的是充满矛盾的后果——利益与危害。其实，几乎所有高科技领域都存在类似问题。人们在享受核能的高效、洁净与安全的同时，要克服恐核心理，也要认真对待核辐射可能对人体造成的损害，开发出更加安全、先进的核技术装置，趋利避害，让核科学技术更好地为人类服务。通过本书的学习，使读者能对核科学技术有一个历史的和较全面的认识，这就是我们所期待的。

编　者

2015 年 5 月

目　录

第一章

核科学发展简史

我们生活的星球上，缤纷万物无不具有其独特性。仰望星空，浩瀚宇宙更显得无限神秘。古今中外，人们都在思索这样一个问题：宇宙万物是从哪里来的，我们是从哪里来的。溯源的结果是，我们这样一个大千世界，乃至宇宙万物，竟然都是由肉眼看不见的原子构成的。原子的种类也并不太多，自然界中能找到的也不过 92 种。就是这小小的原子构成了高山大川、土壤空气、生物和非生物。那么，原子是否是万物的本源呢？在古希腊学者看来，原子是不可分的（"原子"的希腊文为 atom，"不可分"的意思。这个词沿用至今）。到 18 世纪，道尔顿的现代原子论诞生了。他认为：元素由不可分割的原子构成；同一元素的原子相同，与其他元素的原子不同；原子不可再分，不因化学反应而变成更小的微粒。这个理论影响了科学界 200 年。

但是，追求万物本源的步伐并未停止，19 世纪末，一个偶然的机会，放射性被发现了。放射性现象完全不同于化学反应，在化学反应中，原子保持不变；而放射性则来源于原子内部，一种原子放出射线，它就变成了另一种原子，这说明原子是可变的、可分的，而且是有结构的。很快，人们对物质的认识就进入了原子核层次，发现所有原子都由原子核和核外电子组成，而不同的原子核又都由不同数目的中子和质子组成。这样，人们朝着认识物质本源的目标又前进了一步。原来，组成宇宙万物的仅是几种基本粒子——电子、中子和质子。从此，一门崭新的学科——核科学诞生了。

1.1 偶然的发现

19 世纪末 20 世纪初，物理学界笼罩着一片乐观气氛。当时，牛顿运动方程、麦克斯韦电磁场理论和统计力学为主的经典理论体系已经成熟，能解释宏观物理学遇到的所有问题，以至于部分物理学家自满地认为，物理学的大厦已经建成，今后的问题只是在某个角落里作一些不重要的修饰而已。譬如，对某个物理定律作一些小修正，这种修正可能发生在小数点后面几位。就在此时，放射性被发现了。

1895 年 11 月的一个下午，维尔茨堡大学的伦琴（Wilhelm Conrad

Röntgen，1845～1923，德国物理学家）在实验室用一个同事为他制作的阴极射线管做实验，这是一个两端装有金属电极的玻璃管，在两极加上高电压，管中的稀薄气体会发出光线；将管中气体抽尽，再在两极加上电压，就有物质从阴极流向阳极，这种物质称为阴极射线。在昏暗的实验室中，他注意到，阴极射线击中阳极后，阳极后面的玻璃会发出荧光。他想知道，把阴极射线加速后再轰击阳极会发生什么现象，于是在阴极射线管两端加上 3 万伏高压，并在阳极上装上铝箔窗，管后放上荧光屏，他希望能看见阴极射线射出管外。结果，他确实看到荧光屏处有闪光，但这闪光并不是阴极射线，而是某种从未见过的特殊射线。伦琴举起手，想看看自己的手是否能阻挡射线，却看见屏上显现出手的骨架。起初，伦琴将加速的射线引向铝箔，目的是让射线减速。根据电磁学原理，电荷速度变化能产生电磁波，伦琴的射线是加速的带电粒子流，受到铝箔阻止会产生电磁波。但是，伦琴发现的射线，其波长是如此之短，大大低于可见光，且低于紫外线的波长，射线能穿透他的手，只是没有穿透骨头。这是一种从未见过的射线，伦琴认为必须尽快为自己发现的这种射线取个名字，于是就把它称为 X 射线。不久，伦琴公布了这个新发现，引起了全世界的关注。伦琴发现的射线（也称为伦琴射线）极具穿透力，可用于医疗诊断，甚至开创新的工业领域，其对原子科学的影响则更为深远，这使他成为获得诺贝尔物理学奖（1901 年）的第一人。

1896 年新年伊始，法国科学家贝可勒尔（Antoine Henri Becquerel，1852～1908）在巴黎的自然历史博物馆听取了伦琴发现 X 射线的科研成果报告。当时他认为，能产生这种新射线的不是加速的电粒子流，而是玻璃中的荧光粉。他知道一种产生荧光的好办法，就是选择某种化学物质，放在太阳光下曝晒，之后它会产生荧光，再用荧光产生 X 射线。他的实验就是将化学物质用黑纸包好，放在盖好的底片上，再放在太阳光下，他估计产生的 X 射线将会使底片感光。可是，他试验了多种荧光物质，均未成功。最后，他买了最贵的荧光化合物——硫酸钾铀酰做试验，终于获得成功：太阳光照过的铀化合物使包好的底片感光了。贝可勒尔认为自己发现了一种能产生 X 射线的新方法，不用再在阴极射线管上施加高压了。出于谨慎，他还想重复一下试验。可是，连续几天都是阴天，他无法进行试验，铀化合物和底片就都放在抽屉里。贝可勒尔没做成试验，就想不妨将底片冲洗出来，作为一种反证——证明没有太阳光，就没有 X 射线，底片也不会感光。但是，使他大为惊奇的是，底片居然出现了搁在上面的铀化合物粉末的影子。这样看来，即使没有荧光，铀化合物也能主动发出射线，而且这种射线能穿透黑纸，使底片感光。这是人类第一次发现放射性（图 1-1）。铀是一种具有天然放射性的物质，它能放出多种射线。这些射线看不见、摸不着，有的带电，有的不带电，它们都带有能量，有的还有很强的穿透性。

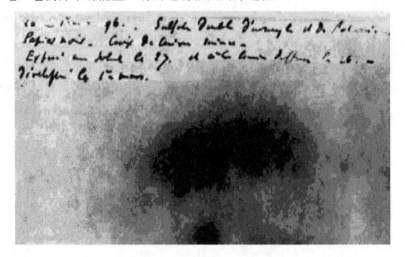

图 1-1　贝可勒尔首次发现放射性。照相底片中有铀盐的痕迹

1.2　电子的发现

伦琴和贝可勒尔的发现为一大批惊人的科学发现开了个头，在英国剑桥大学卡文迪许实验室（Cavendish Laboratory），约瑟夫·约翰·汤姆孙爵士（Joseph John Thomson，1856 ～ 1940）正集中全力研究阴极射线。阴极射线带有负电荷，将其引出真空管，会在静电场或磁场中发生偏转。对阴极射线在高压电下的偏转角度的分析表明，这种微粒的质量很小，几乎可以忽略不计。这证明，阴极射线由微小的带电粒子组成。原子失去这些带负电的微粒

后，剩下较重的带正电荷的剩余物，所带正电荷的量与原子失去的负电荷的量相等。据此，汤姆孙推理出被称为"面包葡萄干"的原子模型，即原子是带正电荷的大微粒，上面镶嵌有带负电的小微粒。这是个大胆的推论，它推翻了自古以来人们认为原子是不可分的陈旧观念，为近代物理学开辟了道路。他发现的带负电的微粒，被称为"电子"。汤姆孙因此获得 1906 年的诺贝尔物理学奖。

1.3　居里夫人与放射性

贝可勒尔发现的铀的放射性，究竟是铀特有的，还是别的元素也有呢？在法国，年轻的居里夫人（玛丽·居里，Marie Curie，1867 ~ 1934）在思考着这个问题。当时，原子核还不为人知，核衰变的概念也没建立，只知道原子中有正电荷和负电荷。为了研究铀发出的射线，居里夫人及其丈夫皮埃尔·居里（Pierre Curie，1859 ~ 1906）弄来了 1 吨沥青，这是一种含铀矿渣，它确实会产生贝可勒尔发现的射线，不论是铀的何种化合物，不论铀以什么状态存在，也不论温度、压力如何，都会有射线产生，射线的多寡只取决于铀的含量。居里夫人觉得射线很像是从铀原子的中心发出来的。于是她提出，贝可勒尔发现的射线是放射线，是辐射能。这是人类首次认识放射性。

1898 年，居里夫人发现另一种元素也有放射性，这就是钍。这使她更坚信，辐射并非只有铀才具有，而是一类原子的特性。于是居里夫妇加紧工作，用化学法提炼了一桶又一桶的沥青，将沥青中含量极微的放射性元素提炼出来，他们发现提炼出来的物质中还含有两种新的放射性元素。居里夫妇将其中一种新元素取名为钋，以纪念她的祖国波兰；将另一种取名为镭，因为它的放射性很强。居里夫妇经过 1400 天的努力，成功地从 8 吨沥青铀矿中提取了 0.1 克的纯净的氯化镭，并测定了它的原子量为 225±1（现为 226.0254）。镭会在黑夜里发出美丽的蓝光。由于发现放射性以及对放射性的研究，居里夫妇与贝可勒尔获得了 1903 年诺贝尔物理学奖。

居里夫人的最大贡献在于她创建了一门新的学科——放射化学。它研究怎样将放射性物质从其他物质中提炼出来，尤其是把放射性物质从它的同位素中分离出来，这是放射性得以应用的前提。居里夫人因分离出纯净的镭并测定其性质而获得 1911 年的诺贝尔化学奖，成为一人获得两次且是两个学科（物理与化学）诺贝尔奖的科学家。为纪念居里夫妇对放射性研究作出的杰出贡献，人们将"居里（Ci）"作为度量放射性强度的单位，定义为每秒 3.7×10^{10} 次衰变。后来，为方便计算，国际标准单位的放射性强度改为"贝可勒尔"（Bq，定义为每秒一次衰变，即 1 居里 $=3.7 \times 10^{10}$ 贝可勒尔），然而，"居里"这个单位仍通用于辐射加工界。

放射性镭元素会发光，是射线轰击空气中的氮造成的。然而，欣赏这美丽的蓝光却有致命危险，早期的人们并不了解这一点。居里夫人对装有镭的小瓶子爱不释手，常将它放在自己工作服口袋里，居里则将盛有镭化合物的盘子挂在门口，用于晚上照明。伦琴在发现使用 X 射线会产生不良后果后，在装置与人体之间用铅屏阻隔，这是人们最初对辐射进行的防护。由于长期与强辐射物质近距离接触，早期研究人员的健康受到很大伤害，居里夫人就由于长期接触放射性元素，于 1934 年因患恶性白血病逝世。她用过的物品、书和笔记，至今还具有很强的放射性，必须保存在铅室中。显然，在对放射性的认识达到一定深度之前，对原子结构的了解还处于比较模糊的阶段，要继续积累经验，才能把安全问题提到日程上来。

这时，新西兰青年科学家卢瑟福（Ernest Rutherford，1871 ～ 1937）进入了这个领域，后因其在元素蜕变和放射性物质的化学变化研究，获得 1908 年诺贝尔化学奖，并成为原子核物理学的奠基人。

1.4 卢瑟福和他的实验

1895 年，卢瑟福来到剑桥大学卡文迪许实验室，在汤姆孙领导下进行 X 射线对气体的电离效应的研究。获悉贝可勒尔发现铀的放射性后，他开始了对此领域的研究。1898 年，他由汤姆孙推荐去加拿大蒙特利尔的麦克吉尔大学（McGill University）物理系，在那里继续其射线研究。卢瑟福是个出色的实验工作者，他从研究着手，识别出两种迥然不同的射线。一种射线的射程很短，在空气中很快就被阻止了，称之为 α 射线；另一种射线穿透能力强，射程长，称之为 β 射线。α 射线与 β 射线在磁场中偏转的方向相反，所以它们的电荷相反。而后，他又用实验证明 β 射线是阴极射线或者电子流。

在研究钍时，卢瑟福发现钍中似乎有气体逸出，这种气体没有任何化学特征，很像是钍以化学方法变成了惰性气体氩。卢瑟福感到极为震惊，马上检查了所有已知的放射性元素，以期有更多的发现。

他以射线打到荧光屏上发光的次数来分辨放射性元素的放射性强弱，发现不同元素的放射性强度是不同的，而且这种强度会随着时间的推移而降低。于是，他以"半衰期"来描述元素的放射性强度随时间变化的特性——经过一个半衰期后，元素的放射性强度衰减一半；再过一个半衰期，强度在原来的基础上再减小一半，……他还发现，不同元素的半衰期是不同的。

卢瑟福与索迪（Frederick Soddy，1877 ~ 1956，英国化学家，1921 年获诺贝尔化学奖）仔细分析了实验结果，发现：惰性气体（后来证实不是氩，而是放射性惰性气体氡）是由元素钍衰变产生的，衰变产物也具有放射性。而且，化学性质相同的同种元素有许多亚种，卢瑟福将这些化学性质相同的亚种称为"同位素"。放射性同位素中，半衰期有长有短，如镭的一个同位素半衰期为 1620 年，有的则很短，如钍衰变的两个产物的半衰期分别为 27 天和 22 分钟。1903 年，卢瑟福与索迪一起发表了论文《放射性的变化》，并首次公布了核衰变产生的能量：1 克镭衰变释放 1 亿卡[①]以上的能量。

1907 年，卢瑟福回到英国任曼彻斯特大学物理系主任，继续他的放射性研究。他想，用已发现的各种射线去轰击物质的原子核，它能否变成一种新的物质呢？他想到了 α 射线，于是他用 α 粒子轰击了各种原子核，想看看究竟会发生什么。1911 年他用 α 粒子轰击金属薄膜（图 1-2），发现 5000 个 α 粒子绝大部分穿透薄膜不改变方向，只有一两个 α 粒子打偏了，甚至以大于 90°的角度反弹回来。卢瑟福后来回忆说："这就像把 38 厘米（15 英寸）的弹头射向一张纸，反弹过来撞到我们身上，令人难以置信。我仔细想了想，

---

① 1 卡 =4.184 焦耳。

意识到这种反弹散射只能是碰撞的结果，只有假定原子的大部分质量集中在微小的原子核上，才能得出这个数量级的结果。"他从中悟到，原子原来是一个很空的结构，大部分α粒子都可以直接穿透，只有打在核上的α粒子才会有较大的偏折。这样，卢瑟福摒弃了汤姆孙的"面包葡萄干"模型，提出了原子的"核式结构"，或者说"行星模型"，即原子结构就像一个太阳系，原子核在中心，周围有许多电子围绕核在各自轨道上运行。这个既直观又优美的模型，一下子就被人们接受了。现在人们也经常用这个模型来表示原子能。例如，国际原子能机构的图标就是如此；笔者曾供职的上海射线应用研究所的信笺、名片上也都印有这个图标。

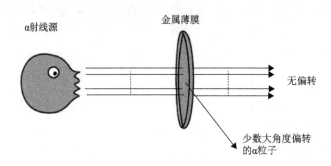

图 1-2　卢瑟福α粒子实验，少数α粒子被偏转证实了原子的行星结构

1919 年，卢瑟福回到卡文迪许实验室，任实验室主任。同年，他用α粒子轰击氮，打出了氧和质子（$^{14}N+\alpha \longrightarrow {}^{17}O+p$），这是人类第一次实现人工放射性；1921 年，他预言了中子的存在。1932 年，在他的领导下，查德威克（James Chadwick，1891～1974，英国物理学家，1935 年获诺贝尔物理学奖）终于发现了中子，科克罗夫特（Sir John Douglas Cockcroft，1897～1967，英国物理学家）和沃尔顿（Ernest Thomas Sinton Walton，1903～1995，爱尔兰物理学家）发明了高压倍加器，并利用它首次实现了人工加速粒子的核反应$^{7}Li+p \longrightarrow 2 {}^{4}He$（两人分享了1951年诺贝尔物理学奖）。

卢瑟福对核科学贡献巨大，他发现了α射线、β射线、放射性元素半衰期、质子，并实现了人类历史上第一个人工核反应；他系统地阐述了核衰变理论，从而彻底动摇了旧原子论——原子不可分、元素不可变。他因此获得了 1908

年的诺贝尔化学奖。他在获奖典礼上说过一段有趣的话:"我曾经处理过多个时期的许多不同的变化,但是遇到的最快的变化是从一个物理学家瞬间变为化学家。"

我们已经回顾了核科学诞生初期的历史,这是一个激动人心的时期,原子觉醒了——现代物理学就此诞生。用α粒子(或者通常称其为α射线)作为炮弹,人们已经可以随心所欲地将一种原子核变成另一种。古人的炼金术梦想终于变成了现实。

1.5 中子的发现

卢瑟福提出的原子结构模型,是一定数目的电子绕着由相同数目质子组成的原子核运动,原子的质量主要集中在原子核内。但此模型仅适用于氢原子,它是一个电子围绕由一个质子组成的核运动,其原子量为1;对于有两个电子的氦原子和其余更重的原子,就不适用了。原子越重,原子量比电子数就多得更多,例如,氦核有2个电子,原子量是4;钡有56个电子,原子量是137;铀有92个电子,原子量是238;等等。卢瑟福认为,这意味着原子核里除了质子外,还有某种粒子存在,他给这种粒子取名为中子,还预言了中子的特性:中子不带电,不受电磁场的影响,质量与质子差不多,可以穿透坚硬的物体,可以自由出入物质,不能用任何装置探测到等。

卢瑟福是在1920年作此预测的,但发现中子却花费了12年的时间。这期间,许多实验物理学家都在寻找中子,有些人以为,中子是电子与质子结合而成的,就用质子轰击电子,以期得到中子,结果一无所获。卢瑟福指导他的助手查德威克用α粒子轰击各种物质,企图找到中子。α粒子是氦的原子核,质量是电子的8000多倍,很容易使被轰击物质的原子电离。例如,用α粒子轰击硼或铝时,原子核会爆裂,产生γ射线和质子。质子与γ射线都已经可以探测。但是,当他用α粒子源轰击铍时,并未见到有质子释放,而产生的γ射线的强度是其他被轰击物的10倍。这个现象早先已由两个德国年轻人发现。随后约里奥·居里夫妇(居里夫人的女儿伊雷娜和女婿约里奥)

也重复了这个实验，他们用 α 粒子轰击铍，后面放玻璃纸，源自铍的 γ 射线穿透了玻璃纸，并释放出大量质子，被探测器接收到。遗憾的是，两位德国科学家和伊雷娜·居里都认为这还是 γ 射线。查德威克重复了这个实验，得到同样的结果，却作出了不同的解释。他认为，唯一能与玻璃纸的氢原子交换能量，并且打出质子的不可能是 γ 射线，只能是质量与质子相近并具有较高能量的不带电粒子，它符合卢瑟福预言的中子的特征，这就是人们苦苦寻找了 12 年的中子。1932 年 2 月，查德威克宣布了他的发现。

中子的发现很好地解释了原子结构，原子量与电子数不符的问题也得到了圆满解决。原来，原子核由中子和质子组成，中子数与质子数大致相等，但前者略大于后者，原子量越大，中子数比质子数大得越多。中子不带电，将其作为炮弹轰击其他原子核，比用 α 粒子方便。中子很容易进入原子核内，不会受到电子和质子等带电粒子的排斥。

中子的发现在核科学史上有划时代的意义，被誉为打开原子能时代的金钥匙。

1.6　裂变反应的发现

中子发现后，科学家们纷纷用中子作为炮弹轰击原子核，其命中率较高。这样，放射化学也蓬勃发展起来：在中子轰击产物中寻找元素周期表中已知元素的左邻右舍。德国放射化学家哈恩（Otto Hahn，1879 ~ 1968）与奥地利物理学家迈特纳（Lise Meitner，1878 ~ 1968）联手，尝试用中子逐一轰击元素周期表中的元素，花费了 30 年时间。中子轰击元素可以发现新同位素甚至新元素，那么，当时最重的铀元素能否吸收中子后变成更重的核呢？1938 年年底，哈恩与其助手斯特劳斯曼（Fritz Strassmann，1902 ~ 1980）开始中子轰击铀的实验（由于纳粹迫害犹太人，迈特纳已于 1938 年夏避难至荷兰再至瑞典），但是他们得到的不是更重的元素，而是钡。钡的质量只是铀的一半多一点，那么，另一半质量到哪儿去了呢？只有一种可能，就是铀裂成了两半。哈恩和斯特劳斯曼第二天就发表了他们的发现——《论利用中子轰击铀产生的碱土金属及其行为描述》，报道了他们发现的核裂变。两个月后，哈恩又报道说，裂变可能还会释放出大约 2 个自由中子。哈恩由于发现核裂变而获得 1944 年的诺贝尔化学奖（1945 年颁发）。

回顾核裂变的历史，必须提到具有一半犹太血统的迈特纳，她对核裂变的发展有很大的贡献。迈特纳于 1938 年被迫离开德国哈恩研究组到瑞典避难，但时刻关心着哈恩的实验，当得知哈恩的发现后，她很快与外甥弗里希（O. R. Frisch，奥地利物理学家）共同用玻尔的液滴模型清晰地解释了裂变现象。他们借用生物学中细胞分裂的概念，称这一核分裂为裂变。但是 1944 年的诺贝尔奖只有哈恩一人获得，现在看来是不公平的。1966 年哈恩与迈特纳共同获得费米奖章。

图 1-3 是 ^{235}U 核的裂变过程。（a）中子轰击铀核；（b）中子被吸收；（c）铀核发生形变；（d）铀核裂成两个碎片，放出 3 个中子和 γ 射线。^{235}U 也可裂成三种或四种比铀轻的物质。1946 年，我国科学家钱三强、何泽慧夫妇在法国首次发现了三裂变和四裂变。

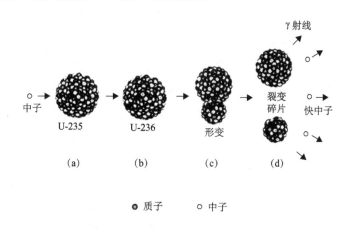

图 1-3　^{235}U 核裂变的示意图

空心球是中子，实心球是质子

^{235}U 产生裂变的事实震撼了全世界。^{235}U 裂变可产生不止一个中子，这解决了核能利用的关键问题。原因是 ^{235}U 裂变需用中子作为炮弹，如有多余的中子，就可使其他 ^{235}U 核也发生裂变，核裂变才能持续进行而积累起可以

利用的能量。否则，若继续由外界提供中子，铀的裂变不可能达到自持的程度，利用核能就只能是个梦想。在哈恩发现核裂变的五年前，首次发现核衰变能放出能量的卢瑟福曾悲观地断言："以后的 20 ～ 30 年中，任何人讨论把原子转换为能源，似乎都是在水中望月。"这样，哈恩的发现推翻了该预言，将核能利用前景展现在人们面前。

1.7 曼哈顿计划

曼哈顿计划是美国军方领导的一项大工程，旨在为二战中的盟军提供原子弹。原子弹是一种核武器，它利用核裂变原理，把 ^{235}U 或者其他裂变核放出的能量在瞬间释放出来，造成巨大的杀伤力。该计划是将核物理的梦想变成现实，但需要大批科学家和技术人员集体攻关，解决一系列的技术难题。

由于战争，交战双方都在进行类似的攻克技术难关的速度竞赛。核裂变是由德国科学家首先发现的，德国拥有理想的实验室和一流的理论物理及实验方面的专家，按理说德国在研究原子弹方面应该处于领先地位。但是，当时的纳粹政府迫害犹太人和反法西斯人士，与放射化学家哈恩一起发现核裂变的合作者——女物理学家迈特纳是犹太人，1938 年由于纳粹的迫害而离开了德国。相同情况也发生在爱因斯坦、费米等许多科学家的身上。失去人才优势，是德国在这场核科学与工程的竞赛中失败的重要原因之一。

1939 年，德国的"铀俱乐部"开始系统研究铀裂变。"铀俱乐部"是由德国格丁根大学的理论物理学家奥尔格·约斯、实验家威廉·汉勒和莱茵霍尔德·曼科普夫组成的研究小组。他们首先要验证的是裂变导致的自持的链式反应确实存在。但他们遇到的第一个困难是很难得到纯净的 ^{235}U，开采的天然铀中仅含 0.7% 的 ^{235}U，占天然铀 99% 以上的 ^{238}U 是不能发生中子裂变的，所以实验需要很多的铀才行；第二个困难是轰击铀的中子必须是速度很慢的中子，这样才能加大击中铀核的机会，而使中子慢化需要慢化剂，采用石墨作为中子慢化剂当然是个不错的选择，但不幸的是德国的石墨都受到了硼的污染，硼是中子的极好的吸收体，用这样的石墨作为慢化剂，中子在还没有慢化引起裂变的时候就会被硼吸收，整个反应就会终止。这样，就只好选用其他的慢化剂。采用重水作为中子慢化剂在原理上是可行的。重水是氧化氘（D_2O），氘是氢的同位素，氢核中只有一个质子，而氘核中除了有一个质子外还有一个中子。因为氘是轻核，所以能有效地与中子碰撞带走中子的能量，又因为氘核中已经有一个中子，所以它不会再吸收中子。实验需要多达几吨的重水，而要获得这么多重水是很困难的。由于德国一直坚持用重水作慢化剂的方案，而唯一制作重水的工厂在挪威，产量也很低，不能满足试验的需要，再加上一些偶然的因素（1939 年，德国召集了所有健全人去服兵役，其中包括"铀俱乐部"的全部成员。虽然不久就纠正了这种愚蠢的做法，但已经浪费了宝贵的时间），使得德国在与美国的竞争中落后了。

开始时，美国在核物理研究方面的进展较慢。美国的不同研究团队得到两种核裂变的方法。一种是 ^{235}U 的裂变，遇到的技术问题与德国的差不多；另一种是利用 ^{238}U，美国伯克利分校的西博格用回旋加速器将氘核加速到 16 兆电子伏特（百万电子伏特）去轰击铍靶产生中子，再用中子与 ^{238}U 反应，合成了可裂变的钚 -239（^{239}Pu，$Z=94$）。将不能裂变而又占天然铀的绝大多数份额的 ^{238}U 变成可裂变的 ^{239}Pu 是非常好的办法，问题是采用回旋加速器得到的 ^{239}Pu 少得可怜，为得到 1 克 ^{239}Pu，用当时的回旋加速器要运行 100 万天。这显然不现实。制造一颗炸弹需要几千克 ^{239}Pu，这么多的 ^{239}Pu 只能用其他方法获得。要得到足够多的 ^{239}Pu，关键是需要足够多的中子去轰击它，所需中子通量应是回旋加速器得到的中子通量的 20 亿倍。

这么多的中子，只能用大的核反应装置产生。由费米（Enrico Fermi，1901～1954，美籍意大利物理学家，1938 年获诺贝尔物理学奖）和兹拉尔德（Leo Szilard，1898～1964，美籍匈牙利物理学家）发明的核反应装置，称为反应堆，因为它是用石墨堆起来包围核反应原料的。兹拉尔德注意到了硼吸收中子的问题，他们选用的石墨非常纯净。该反应堆在芝加哥大学的一个废弃的足球场的看台下面。1942 年 12 月 1 日，它产生了自持的链式反应，持续了约 20 分钟，产生的能量能使 0.5W 的小电珠发光，有 42 个人见证了费米的实验。尽管能量很小，但是足够证明核裂变物质转化为能量的方法是可行的。这样，费米提供了可用于工业化生产钚的中子源，还证明了核反应堆可以安全地提供有用的能源。

接下来的工作就进入秘密状态，所有公开场合下讨论或杂志上发表的核方面的信息一下子全部消失了。在这种信息完全封锁的情况下，核技术却得到了突飞猛进的发展。仅三年时间，核技术就从核科学论坛中的讨论题目变成了发展完善的工业过程。

在英国提供给美国的一份秘密报告中，提到英国科学家的一个新发现——除了慢速的热中子（能量仅为 0.25 电子伏特）能引起铀核裂变外，在中子能量为 1 兆电子伏特的高能处也能与 ^{235}U 产生瞬发裂变反应，而 ^{235}U 裂变产生的中子能量正好在 1 兆电子伏特左右。这项发现意味着铀裂变链式反应所需的中子可以在铀元素内部提供，而不需要诸如反应堆、石墨慢化剂之类的庞然大物，原子弹可以做得很小、很轻，一个如菠萝大小的采用 ^{235}U 的原子弹，完全可由飞机携带。这样，原子弹的计划看起来就很现实了。1942年，美国的自持链式反应立项，代号 S-1，立即成立了一个新的中央实验室，专门研究高速中子的问题。实验室由格罗夫斯（Leslie Richard groves，1896～1970，此前为美国陆军工程兵建筑部副部长）将军负责，取名为曼哈顿工程，在田纳西州的一个名叫橡树岭的偏僻地方建立了秘密试验基地，又名 X 基地。项目经费几乎是无限的，格罗夫斯可以抽调他需要的任何物资和人员。格罗夫斯的助手奥本海默（J. Robert Oppenheimer，1904～1967）是一位理论物理学家，他在新墨西哥州的洛斯阿拉莫斯也建立了试验基地，又名 Y 基地。到 1942 年年底，费米建在芝加哥大学球场看台下面的 CP-1 反应堆已进行了一次自持的链式反应，格罗夫斯在橡树岭的总部已经建成，奥本海默在洛斯阿拉莫斯的试验基地也已动工。核武器的计划已经从纸面变成了现实。

现在面临的问题是费米的 CP-1 反应堆中裂变反应是稳定发生的，这与核武器的爆炸是不同的，爆炸需要大量高纯度的核燃料即时、快速的裂变。为了争取时间，曼哈顿计划决定几套方案同时进行。

第一套方案是研制铀弹。首先要解决的是 ^{235}U 的浓缩问题，^{235}U 只占天然铀的 0.7%。美国采用了各种同位素分离技术，包括建在橡树岭的磁场同位素分离器和气体扩散工厂，都是利用 ^{235}U 与 ^{238}U 在质量上的微小差别，将这两种铀的同位素分离开来。磁场同位素分离器是由美国加利福尼亚（简称加州）

大学伯克利分校的回旋加速器发明者劳伦斯（Ernest Lawrence）根据质谱仪的原理制造的大型设备，磁场同位素分离器轨道长 37 米、宽 23 米，将电离后的铀离子通过恒定的磁场，稍轻些的 ^{235}U 在内圈轨道，^{238}U 则在外圈轨道，在不同接收点上就会得到不同的铀离子。分离分为两个阶段，先获得 12% 的浓缩铀，再进而浓缩为 80% 的铀。磁场同位素分离器的缺点是 ^{235}U 的浪费高达 95%。

气体扩散法，利用质量不同的气体分子在扩散膜中的穿行速度不同来区分 ^{235}U 与 ^{238}U。先将金属铀转化为六氟化铀气体，然后进行扩散，但是由于 ^{235}U 与 ^{238}U 的质量差别极小，一次扩散效果不明显，需扩散数千次，才能将 ^{235}U 与 ^{238}U 区分开来。气体扩散工厂规模极大，有几万人在为它工作。气体扩散法是相比同位素分离器而言高效、无浪费的方法，只是在它真正提炼出纯 ^{235}U 时，二战已经结束了。

在反复使用几种浓缩方法后，终于生产出制造原子弹所需要的 ^{235}U。

其次，要产生自持的裂变链式反应，需要有一定数量的 ^{235}U，它存在着一个临界值，当铀的质量超过临界值时，就会发生猛烈的链式反应而爆炸。这样 ^{235}U 的储存就有了困难，要求原子弹中的 ^{235}U 在平时处于次临界状态，在需要爆炸时再使其处于超临界。人们使用了几种方法来解决这个问题。一种是平时将 ^{235}U 分成两块处于次临界状态的铀，引爆时将其压缩在一起到达超临界；另一种是内爆法，平时 ^{235}U 处于低密度状态，引爆时将其压缩为高密度状态，达到超临界。

克服了各种技术困难，1945 年 7 月，代号为"小男孩"的 ^{235}U 原子弹制造成功。同时另一颗利用 ^{238}U 制造的钚弹也试制成功，代号为"胖子"。

钚弹是研制原子弹的第二套方案。^{239}Pu 的获得无需进行同位素分离，而是在反应堆里"制造"。反应堆里的 ^{238}U 捕获一个中子变成 ^{239}U，经 β 衰变成为镎 -239（^{239}Np），^{239}Np 又经 β 衰变成为 ^{239}Pu。1943 年 9 月，美国在华盛顿州的东南部建造了专门生产钚的反应堆——汉福德核工厂，半年后，生产出足够的钚以供试验用。引爆钚弹的原理比较复杂，涉及多项新技术和许多不确定因素，尤其是超压缩物质裂变和内爆法，都需要进行精确的模拟。在估算达到超临界的内爆法问题时，冯·纽曼使用了 IBM 生产的穿孔卡片机来预测钚弹中中子的数值特征，这可以认为是用计算机的雏形进行的首次数值运算。最后，1945 年 7 月，在新墨西哥州的洛斯阿拉莫斯的沙漠里进行了钚弹试验。爆炸当量相当于 2.1 万吨 TNT 炸药，释放总热量达 84 兆焦耳，巨大的冲击波传到 200 英里[①]外，爆炸中心升起的蘑菇云高达 100 英尺[②]，爆炸产生的光在 150 英里外都看得见。试验取得了没有预想到的成功，现在的问题是选择什么地方把两颗原子弹投下去。

1945 年 8 月 5 日，美国在日本广岛上空投掷了铀弹"小男孩"；8 月 9 日，又向长崎投下了钚弹"胖子"。1995 年开始进行的一个为期 4 年的大规模调查证实，当时广岛超过 87000 人丧生，长崎也有约 8 万人在袭击中丧生。核能的首次应用伴随着如此地狱般的景象，城市顷刻之间化为乌有，大量平民死亡。世界震惊了。

继美国后，苏联、英国也先后掌握了原子弹的秘密。在以后的十几年内，苏美两大阵营从盟友变成对抗，形成以美国为首的北大西洋公约和以苏联为首的华沙条约间对抗的冷战局面。为了打破大国的核垄断，我国进入了"全民大办原子能"的时代。我国的原子能事业虽然起步晚，但是集中了有限的资源和人力，在较短时间内拥有了自己的原子弹和氢弹，同时，我国也培养出一支科技队伍，致力于原子能的和平利用。

1.8　中国的原子弹历程

我国的核科学工程起步于 1955 年，1964 年成功爆炸了第一颗原子弹，两年后，又爆炸了第一颗氢弹。中国成为第五个拥有原子弹（继美国、苏联、英国、法国后）、第四个拥有氢弹（继美国、苏联、英国后）的国家。这样的成果来之不易。

我国的核科学历程可概括为"自力更生"。我国虽拥有朱光亚（1924 ~ 2011）、王淦昌（1907 ~ 1998）、钱三强（1913 ~ 1992）、邓稼

---

① 1 英里 =1.609344 公里。

② 1 英尺 =0.3048 米。

先（1924～1986）、周光召（1929～）等国外留学或在国外工作过的核科学专家作为领导与骨干，也有以于敏（1926～）为代表的中国自己培养的核科学专家，但在当时世界形势下，核武器的数据资料是严格保密的。更严重的是，从铀矿探测、开采、浓缩成核燃料，到原子弹的设计、制备、试验等全套核技术工程，我国基本上是一无所有，一切得从零开始。

第一件事就是铀矿探测，经过几年千辛万苦的工作，在湖南、江西、广东等地陆续找到20多个铀矿，选择了8个品位较高的立即投产。中国铀矿的特点是41%的铀矿分布在广东花岗岩地区，这与国外铀矿多分布在砂岩地区不同，如果按照国外的路子墨守成规，就会使找矿工作陷入困境。

铀矿找到了，第二机械工业部派人发动铀矿区的农民上山开采矿石，土法炼制成俗称"黄饼"的铀矿物，为试验提供了第一批150吨铀精矿。

接下来是核燃料生产。采用浓缩铀生产与 ^{239}Pu 生产的并行方案，在兰州建造了气体扩散工厂，浓缩 ^{235}U ；在酒泉建造了钚反应堆，生产 ^{239}Pu 。其中钚生产方案遇到苏联撤走专家和三年自然灾害的困难，于是集中力量完成浓缩铀方案。所以，我国试验的第一颗原子弹是铀弹。有了浓缩铀，就要设计与制造原子弹了。

1957年，我国在青海海晏建立西北核武器研究设计院（代号九院），对原子弹进行理论计算、原理设计、核爆炸基本原理试验、原子弹中子发生器的设计试验等。

在北京，邓稼先、周光召等理论物理学家进行了原子弹核心部件铀芯的设计，并掌握了向心爆炸（内爆）的理论规律。1963年9月，他们完成了原子弹的图纸设计。

最后是原子弹的总装，1964年8月在酒泉基地，将炸药铸件、中子反射层、铀芯、点火装置、电控制部件进行了总组装。

1959年，在新疆罗布泊建立了面积约为10万平方千米的核试验基地。第一次核试验在1964年9月16日进行，现场竖起高120米的铁塔，由九院院长李觉亲自将原子弹送上铁塔顶进行安装，并进行了最后的检查。15时整，原子弹起爆。蘑菇云腾起后，现场指挥张爱萍上将立即向北京作了报告。16时，周恩来总理在北京人民大会堂接见"东方红"大型歌舞演出人员时，向全世界宣布了我国原子弹试验成功的消息。

中国首颗原子弹的特点，一是铀弹，这意味着中国已掌握了铀浓缩技术，也就是铀同位素分离技术；二是这颗铀弹引爆采用了国外钚弹的引爆技术——内爆法，这意味着我国已能把此项先进技术应用到铀燃料密度的压缩上。

两年多后，我国的氢弹又试验成功，这是一个300万吨TNT当量的热核装置，它利用原子弹裂变爆炸产生的能量和热辐射所产生的高温高压的条件，去点燃聚变燃料，使其产生热核聚变反应，释放更加巨大的能量。

氢弹研制中，理论工作是关键的。邓稼先领导的九院花费了14个月，先在北京，后来又派于敏到华东计算技术研究所进行大量计算，终于找到了"热核燃料燃烧的关键问题"，突破了氢弹的原理，完成了理论设计。于敏并无出国留学经历，通过对氢弹理论设计的探索，提出了从原理到构型的完整设想，后被国外科学家称为"中国的国产专家一号"。2015年于敏荣获国家最高科学技术奖。

我国试验原子弹的特点是集中力量攻克重点。我国进行的核试验仅45次，美国则试验了1030次。美国是第一个试验成功原子弹的国家，走的弯路自然会多些，然而他们采取遍地开花的策略，研制型号多达70余种，所以试验次数就多。我国是集中力量研制几种型号，目的是为了打破核垄断，能在较少次数的试验后达到较高水平。

我国的原子弹、氢弹和第一颗人造卫星研制，是集中国力、人力，并有明确目的和正确策略的结果。1999年9月18日，庆祝建国50周年之际，国家将"两弹一星功勋奖章"授予当年为研制"两弹一星"作出突出贡献的23位科技专家，他们是于敏、王大珩、王希季、朱光亚、孙家栋、任新民、吴自良、陈芳允、陈能宽、杨嘉墀、周光召、钱学森、屠守锷、黄纬禄、程开甲、彭桓武，以及（追授）王淦昌、邓稼先、赵九章、姚桐斌、钱骥、钱三强、郭永怀。

1.9　早期核电站

早在1942年，费米和兹拉尔德就建造了用于验证铀裂变链式反应的石墨围成的装置，1944 年他们申请了中子机的专利，这种中子机又被称为核反应堆。当时的核反应堆就是为制造核武器而进行试验的装置。二战结束后，科学家们开始了用反应堆作为民用发电的探讨，但是多数都认为此事还较遥远。然而，一大批原本从事核武器研究的物理学家进入了民用核工程领域。他们设计了一座用核武器试验废弃物 ^{238}U 作为原料的增值反应堆，将不能裂变的 ^{238}U 用快中子轰击变成可裂变核 ^{239}Pu。美国于 1951 年年底建成世界上第一个以钚为燃料的核反应堆，产生的电力可点亮 4 个 200 瓦灯泡。

世界上第一个民用核电厂是苏联的奥布宁斯克（1954 年），它将 600 万瓦功率的电能并入电网。它是以石墨为减速剂、以轻水为冷却剂的反应堆。单用石墨作为冷却剂和减速剂的反应堆，不会爆炸，单以水作为冷却剂和减速剂的反应堆，则不会着火，而两者皆用，既易爆炸又易着火，是十分危险的技术组合。后来发生震惊全球的核电站事故的切尔诺贝利核电站，用的就是这种不安全的堆型。

1956 年，英国建成世界上第一个供应商业用电的核电站，有 4 个石墨反应堆，用二氧化碳作为冷却剂（既不会爆炸也不会起火），每个反应堆的发电能力为 5 万千瓦。该核电站还可为核武器试验提供钚（早期的核电站都有这两种用途）。

美国的商用核电站在 1957 年建成，用金属钠作冷却剂。可是，仅两年后，该装置就遭遇堆芯融化，大量放射性气体排放到空气中，所幸没有人员伤亡。用钠作冷却剂的反应堆就像钠本身的性质一样，既暴躁又不稳定，只要在冷却剂循环中产生堵塞或者干扰堆芯就融化了。这是美国遭遇到的第一次堆芯融化。

加拿大第一个核电站是重水型铀反应堆，发电能力为 2.2 万千瓦，这是加拿大第一个自主设计又不断完善的反应堆。他们用重水作为高效减速剂，燃料是非浓缩铀。

我国第一座核电站建在秦山。该站址面对杭州湾，背靠秦山，水源充沛，交通便利，又近华东电网枢纽，是建设核电站的理想之地。秦山第一期工程是由我国自行设计制造的，采用的是国际上成熟的压水型反应堆技术。1982 年选址，1984 年开工，1991 年建成投入运行，年发电量为 17 亿千瓦时（kW·h）。

1.10　和平利用核能的 60 年

从第一颗原子弹爆炸到现在，约 60 年过去了，原子能的利用、核技术的发展经历了曲折的道路。二战结束到 1991 年苏联解体，在 40 多年冷战期间，两大阵营的核战备竞赛愈演愈烈，还花费巨额经费发展运载工具，储备了可以相互摧毁几十次，甚至可毁灭地球好多次的核武器。随着苏联解体，冷战结束，销毁和限制核武器、和平利用原子能的呼声越来越高涨，国际原子能委机构（IAEA）及其辐射剂量、辐射加工、辐射防护等专业委员会，加强了核技术应用与安全的国际交流。原先以军用为目的科研院所和军工企业都转向民用，除核动力装置外，核分析、辐射化学、辐射加工、核农学、核医学、放射性同位素等核技术在工、农、医、航天、地质、考古等方面都获得广泛应用。人类终于进入了和平利用原子能的时代。

1.11　求索者的脚步

量子力学和相对论是现代物理学的基石，同样也是核科学的理论基础，是追求物质本源求索者的有力工具。

卢瑟福提出的原子核行星模型，将核外电子看成绕太阳旋转的行星，这与经典电磁理论相矛盾。按照经典理论，电子在轨道上绕核做圆周运动，意味着电子是有加速度的，任何电荷做加速运动就会产生辐射而逐渐损失能量，最终落到核上。但事实并非如此，原子是个相当稳定的结构。显然，经典理论不能解释这一点。

丹麦科学家玻尔（Niels Henrik David Bohr，1885～1962，丹麦物理学家，哥本哈根学派的创始人）认为，核外电子占据的是不同能量态，而非轨道，这些能量态不连续，是分离的整数。电子可在不同能量态中跃迁，即量子跃迁，跃迁放出的能量是两个能量态的能量差。玻尔对原子结构的解释，后来被称为"哥本哈根解释"。他又预言了72号元素，原子外层有4个电子，性质与锆相近，取名为"铪"（哥本哈根的古名），因此获得1922年的诺贝尔物理学奖。

奥地利物理学家薛定谔（Erwin Schrödinger，1887～1961）认为核外电子是振动、是波，这些波绕着原子核以整数倍的频率振动。他又建立了量子力学中三个著名的以他的名字命名的方程。由于对量子力学的贡献，与狄拉克一起获得1933年的诺贝尔物理学奖。

玻尔和薛定谔的模型，在描述原子的已知特性以及在该模型指导下对未知特性作出的预测，都很成功。卢瑟福的行星模型，核与电子都在确定位置上，但在量子力学中，电子并无确定位置，只能说电子有一定概率出现在某个位置上。可以这么说，量子力学中的原子结构模型是看不到的。

对核能的释放，探索者们又如何解释呢？在经典理论中，存在着一系列的守恒定律。例如，质量是守恒的，能量也是守恒的，也就是说，它们既不能产生也不会消失，只能从一种形式转变为另一种形式。爱因斯坦提出了著名的质能守恒定律。按照他的看法，在原子和亚原子范围的运动粒子，当其速度可与光速相比拟时，可认为它们是做相对论性运动。在这种时空观下，惯性系中的物理概念都得作修改，包括质量与能量不再分别守恒。他将粒子的质量 m 称为粒子的静质量，粒子静止时，其总能量等于 mc^2，称为粒子的静质量能：$E=mc^2$；若体系发生能量交换，总的静质量会发生变化，静质量变化 Δm 可正可负，对应于能量的放出或吸收，为 Δmc^2。光速 c 是一个很大的量，尽管质量的亏损很小，但是乘上光速平方，就非常可观。这就解释了为何核聚变和裂变能放出如此多的能量，并可从反应前后体系的质量亏损来估计释放的能量。

有了相对论与量子力学后，微观世界的许多物理现象都能得到解释。那么，量子力学是否可以替代经典物理学？

量子力学在微观领域中对原子和分子结构、光谱、元素周期表结构等可作出圆满解释，但这并不等于经典物理学就可以被扬弃。在低速宏观领域中，经典物理学仍然是正确的理论基石；而到了高速微观领域中，量子力学又要被相对论量子力学所取代；而在高能领域（在此领域，粒子可以产生和湮没，这是比原子核物理更高的一个物质层次——粒子物理，或称高能物理），量子场论才是解决问题的关键理论。这说明每个理论都有其适用范围，它们都只适用于物质的某个层次。

但是探索者们并不满足，他们希望建立一种终极理论，解决物质本源和建立统一的物质基本相互作用的理论。爱因斯坦的最后30多年，都献给了建立"统一场理论"，他是20世纪中最明确地追求终极理论的人，企图把四种基本相互作用中的麦克斯韦电磁场理论与他自己的广义相对论（即引力）统一起来。他的努力并未成功。但是，现在已有人将除了引力之外的电磁力、弱力、核力统一起来；与爱因斯坦同样追求终极理论的还有研究弦理论和膨胀理论等的物理学家。无论是否存在这样的终极理论，以及人类能否达到这种对"终极"的认识，"路漫漫其修远兮，吾将上下而求索"，探索者们的脚步永远也不会停歇。

结语

我们已回顾了核科学的发展史。因为核科学，20世纪的物理学显得如此辉煌。以量子力学和相对论为基础的现代物理学理论层出不穷，新的高科技领域接连出现，人们对物质本源的认识也逐渐深入。

自1896年贝可勒尔发现天然放射性以来，核科学已有100多年的历史。核科学使人们能从微观层次了解物质结构。20世纪，核科学技术的空前发展，对人类社会进步产生了巨大影响。尽管核武器的使用给人类带来悲剧，但是核科学技术的和平利用已极大地造福人类。走过了百余年的历史，核科学研究正继续向纵深发展，开拓了新的研究领域，形成众多交叉学科。通过介绍核科学中最基本的重大发现，如放射性、电子、质子、中子、原子核裂变和聚变，介绍人类认识原子和原子核的历史过程，包括与之相关的著名实验和理论，由此了解核科学的发展和应用，及其对自然科学与人类社会的深远影响和巨大贡献。

第二章

核科学基础

核科学的领域很大。在核科学一个多世纪的发展中，其与许多学科进行交叉，不断发展，派生出新的学科。从大类分，有核物理、核化学、核医学、核农学等；从学科分，有放射性元素化学、同位素化学、辐射化学、辐射卫生物理、核导论、核电子学、计算核物理、加速器与反应堆技术、辐射加工技术、辐射剂量学与辐射效应等。

我们列举几个例子来说明这些学科涵盖的内容。例如，放射性元素化学研究天然放射性元素存在的状态，人工放射性元素的制备，放射性元素的浓集和分离，放射性元素的物理化学性质，鉴定放射性元素的方法，放射性指示剂的原理和应用，以及放射性元素的工艺学。

同位素化学研究的是稳定和放射性同位素的分析、分离，同位素的地球化学，放射性元素的制备，同位素的物理化学性质，同位素交换反应热力学，同位素在研究化学反应机制、生物学、地质学、考古学、医学和工农业等方面的应用。

辐射化学研究的是射线与物质的相互作用，包括对水、水溶液、有机化合物、高分子化合物和气体的作用。

辐射卫生物理研究的是辐射的生理效应，剂量测量及防护，放射性物质的控制。

核导论研究的是原子核结构性质、原子核反应、放射性、辐射与物质的作用、放射性测量法、示踪原子、核电子学及其辐射能谱测量、核分析、辐射在医学和工农业中的应用。

要研究核科学，就要对核这一微观的物质层次的基本概念和理论有一个初步的了解，这就是本章的任务，可将其作为进一步学习的基础。

2.1　认识物质的结构

世界是物质的，那物质又是由什么组成的呢？古今中外的无数哲人、科学家对此进行了孜孜不倦的思考和研究。世间万物都有其基本组成单位，但是这些基本组成单位又是什么呢？五行学说认为宇宙万物都由木火土金水五种基本物质的运行（运动）和变化所构成，这当然是由于古代中国人对世界认识不足造成的。古希腊哲学家德谟克利特探讨了物质结构的问题，提出了原子论的思想。他认为万物的本原是原子和虚空，原子是一种最后的不可分割的物质微粒。西方文艺复兴后，自然科学研究日益受到人们重视，以牛顿力学体系的建立为标志，自然科学进入了一个辉煌的发展时期。由于法国学者伽森第等的努力，德谟克利特等的原子论在17世纪得以复活。然而，此时原子论者感兴趣的问题，已不是设想原子如何组成世界，而是如何在原子论的基础上建立起物理学和化学的基本理论。

在近代原子论的建立中，英国科学家道尔顿作出了不可磨灭的贡献，他通常被视为科学原子论之父。他把玻意耳、拉瓦锡的研究成果，即化学元素是那种用已知的化学方法不能进一步分析的物质，同原子论的观点结合起来——每种原子对应一种化学元素。关于原子组成化合物的方式，道尔顿认为这是每个原子在牛顿万有引力作用下简单地并列在一起形成的。发生化学反应后，原子仍保持自身不变。尽管现代科学表明，原子本身的物理不可分和万有引力将原子连接在一起是错误的观点，但是道尔顿对原子的定义却被广泛地接受。那么，原子能否继续分割呢？答案是肯定的，即原子可以再继续分割下去。

2.1.1　基本粒子

在人们知道原子是由原子核和核外电子构成的认识阶段，组成原子的粒子——电子、质子和中子被称为基本粒子，也就是人们认知的构成物质的最小的最基本单位。之后，基本粒子的数量增加到一百多。随着人类对物质构成的认知逐渐深入，基本粒子的定义也不断有所变化。现在我们知道，基本粒子既非最小、也非最基本的物质构成单位，但我们的讨论中仍将使用它。本书仅述及描述普通自然现象的粒子，而不考察能量大于100兆电子伏特，寿命短于10^{-6}秒的不稳定粒子，如介子、超子等。所涉及放射性衰变及核反应的能量为几兆电子伏特，这属于核物理中的低能范围，低能现象涉及的基本粒子为中子、质子、电子、中微子和光子。原子核由核子（如质子和中子）

组成，原子核外的壳层由电子组成。这些系统能量的变化都伴随着光子的发射或吸收。中微子出现在放射性核素的 β 衰变中，一种核子（如中子）放出一个电子和一个中微子，转变成质子。

电子是最先发现的基本粒子。1897 年，汤姆孙在研究阴极射线时发现了电子，并测量了电子的电荷与质量之比。

第二个基本粒子是光子。牛顿在 300 多年前就研究了光线的直线传播性质，提出了光的微粒学。稍后，惠更斯提出了光的波动学。这两种学说关于光的本性问题争论了 100 多年，到人们发现光的干涉与衍射等波动现象，微粒学宣告失败。19 世纪是波动学的鼎盛时期，最后导致了麦克斯韦电磁场理论的建立。但在 20 世纪初，光电效应的发现却动摇了波动学的地位。人们发现，用紫外线照射金属时，金属表面会飞出一些电子来。测量结果表明，飞出电子的能量完全取决于入射光的频率，而与光的强度无关。这是光的波动学理论完全无法解释的。为了给光电效应一个合理的解释，爱因斯坦花费了五年时间，在 1905 年利用普朗克提出的量子概念，建立了光的新微粒学——认为光是由微粒组成的，他把这种微粒称为光子。光子具有量子性，它的能量不是连续的而是一份一份离散的，其大小为普朗克常量与光频率的乘积。所谓光电效应就是一个电子吸收一个光子的能量后飞出金属表面的现象。新微粒学说即光的粒子性，圆满解释了光电效应的现象，使光子成为第二个被发现的基本粒子。

随着对原子结构模型的研究，人们发现原子是由电子和原子核组成的。那么，既然电子是基本粒子，原子核是否也是基本粒子呢？答案是否定的。因为原子核的种类太多了，这就使人们对其是最基本粒子产生了怀疑。在卡文迪许实验室里，科学家们先后发现了质子（1919 年）和中子（1932 年），各种原子核都是由这两者构成的，所以质子和中子才是基本粒子。

下一个基本粒子是中微子。中微子的发现来自于一个有趣的故事——一个称为"β 衰变能量失窃案"的现象导致了中微子的发现。放射性元素在衰变时放出 α 射线、β 射线、γ 射线，称为 α 衰变、β 衰变和 γ 衰变。整个衰变过程与经典理论所描述的一样，遵守能量守恒与角动量守恒。这方面 α 衰变、γ 衰变没有问题，衰变前后的能量守恒。在微观世界中，所有的物质包括分子、原子、原子核都具有确定的状态，原子核发生放射性衰变，也只是从一个状态变化到另一个状态，两个状态之间的能量差是确定的。但是，β衰变则不同，衰变前后的能量不守恒，角动量也不守恒，而且放出电子（β射线）的能量完全不确定，电子的能谱还是连续谱。这种现象无法得到解释，甚至连当时赫赫有名的丹麦物理学家玻尔也怀疑在β衰变中能量守恒是否适用。

进一步实验表明，虽然所有的β衰变放出的电子能量不是单一确定的，但都有其最大值。是否可以认为，β衰变就放出一种等于最大值的能量，而除了电子外，还有另外一个粒子分享（偷走）了一部分能量，这样问题就得到了解决。这就是泡利（Wolfgang E. Pauli，1900～1958，奥地利物理学家，后来加入美国籍，1925年提出著名的"泡利不相容原理"，1945年因此获诺贝尔物理学奖）提出的"中微子"假说。这个假说可以解释β衰变中能量守恒问题，但是"中微子"是否存在却没有得到证实。β衰变，是一个原子核衰变成原子序数高一号的核并放出一个电子的过程。除了不满足能量守恒之外，衰变过程的电荷数是守恒的，质量数也是守恒的，难道偷走能量的未知粒子是没有质量和电荷的粒子？这个粒子不带电，质量大约等于零，它分走的能量与β衰变放出电子的能量之和等于β衰变放出的能量，对于某个确定的β衰变，这个能量之和是个确定值。那么，这种粒子究竟是什么？是光子吗？显然不是，光子的能量已经证明是量子化的，也就是不连续的。而这种未知粒子带走的能量与β衰变放出的电子能量的和是确定值，β衰变的电子能谱是连续谱，这种粒子的能谱肯定也是连续谱，那么这种粒子就不可能是光子。

能否找到这种质量近似为零的中性未知粒子，就成为是否能维护能量守恒定律的关键。找寻中微子的第一个成功的方案，是由我国留美科学家王淦昌在1942年设计的，它间接证明了中微子的存在。遗憾的是王淦昌不久就回国了，这项工作没有进行下去。更直接而较成功地测量中微子，到1956年才由柯温（Clyde Lorrain Cowan Jr，1919～1974）和莱茵斯（Frederick Reines，1918～1998，1995年获诺贝尔物理学奖）完成。由于中微子与物质的相互作用非常微弱，β衰变放出的中微子在普通物质中的平均自由程（粒子在物质中与分子或原子两次碰撞之间的距离是该粒子在该物质中的自由程）为 10^{16} 公里，是地球直径的亿万倍，要用多大的探测器才能探测它啊！他们用核反应堆生成的强中微子流，去轰击地下 15 米实验室的 2 个质子靶，用由 3 个 1400 升液体和 110 个 5 英寸[①]的光电倍增管组成的大体积液体闪烁探测器去探测，才测到少量的中微子。现在知道，中微子的质量并非等于零，它的静止质量折合为能量是小于 1 电子伏特，而一个电子的静止质量为 0.511 兆电子伏特，所以与电子相比，它的质量确实是可以忽略的。

反粒子 在描述低能现象时，我们还需要引入反粒子的概念。反粒子是相对于正常粒子而言的，其质量、寿命都与正常粒子相同，但其所有的内部相加性量子数（如电荷、重子数、奇异数等）都与正常粒子大小相同、符号相反。反粒子的概念，是 1928 年由英国物理学家狄拉克（Paul A. M. Dirac，1902～1984，量子力学奠基人之一，与薛定谔共享 1933 年诺贝尔物理学奖）在其空穴理论中提出的。1932 年人们在宇宙射线中发现了正电子，证实了狄拉克的预言。在自然界中，只有负电子是稳定的。产生正电子需要能量，而且，一旦遇到负电子就会湮没（正负电子同时消失），同时放出能量为 0.511 兆电子伏特（电子静止质量）的光子对。

这里需要说明，中微子是电中性的，所以中微子和反中微子不能用它们电荷的符号来区别。但是，它们的本征角动量不同。相对于运动方向而言，可以说中微子是逆时针旋转，反中微子是顺时针旋转的。按照守恒律的要求，β 衰变中每生成一个负电子必然伴随一个反中微子的发射，而生成一个正电子必然伴随一个中微子的发射。

反质子和反中子是在很高能量下产生的不稳定粒子，在低能领域中不予考虑。

光子在粒子的分类中比较特殊，它没有反粒子。

至此，我们总共可用七个基本粒子（质子、中子、电子、正电子、光子、中微子及反中微子）来描述低能现象。这也是本书涉及的基本粒子。

---

① 1 英寸 =2.54 厘米。

2.1.2 波粒二象性与质能守恒

在描述基本粒子的特性前，简单介绍一下有关的量子力学和相对论的知识。

首先是波粒二象性。在微观领域中，涉及的物质尺寸很小，而能量却很高，此时的物质特性也在发生变化。例如，许多基本粒子有时显示出粒子性，有时显示出波动性。对于电子，它的质量和电荷都可以测量出来，这表示电子是一个粒子；但是，具有一定能量的电子在通过狭缝时会发生衍射，显示出其波动性的一面。同样，光是电磁波，其具有能量，但没有质量，那么它就不是一个物质粒子。但是光也有粒子性。当用由强而弱的光做双缝衍射实验时，狭缝后屏幕上的衍射条纹就从清晰的条纹变成了离散的点子，这说明产生衍射的光是一份一份地打在屏幕上的，这体现了光的粒子性，所以有时将光称为光子。一般来说，大量粒子表现出的集体行为往往是波动性，个别粒子的行为往往是粒子性（正如 1905 年爱因斯坦在"关于光产生和转化的一个推测性观点"中提出的："对于时间的平均值，光表现为波动；对于时间的瞬时值，光表现为粒子性。"）。德布罗意（Louis Victor de Broglie，1892～1987，法国物理学家，量子力学奠基人之一，1929 年获诺贝尔物理学奖）提出了物质波的概念，也就是运动粒子具有波粒二象性。每个运动粒子都有波长，波长与其动量的乘积等于一个常量 h（h=6.62606891×10^{-34} 焦耳·秒，即普朗克常量，h 在量子论中的作用就像光速 c 在相对论中的作用一样，在宏观、低速范围内，c 可以看成 ∞，而 h 可看成 0）。物质波也称为德布罗意波。波粒二象性是核科学的重要概念，我们要切记这一点。

下面要介绍爱因斯坦狭义相对论中的质能守恒定律。

爱因斯坦狭义相对论是 1905 年提出的。根据他的观点，运动物体的速度、时间和长度都具有相对性。比如，一个人以 20km/s 的速度移动，同时他在其运动方向上扔出一个 20km/s 的球，但在地面上静止的观察者看来，小球的运动速度不是 40km/s，而是小于 40km/s，只是差值很小，几乎觉察不出来。如果这个人的运动速度越来越快，这个差值就会越来越大。还有，随着物体运动速度越来越快，它在运动方向上的长度会变短，而其质量则会越来越大。如果其速度达到 260000 km/s，运动方向上的长度只剩下原来的一半，质量则增加到原来的 2 倍。速度趋近光速时，运动方向上的长度趋向 0，而物体的质量则趋向无穷大。德国科学家布赫雷尔（Alfred H. Bucherer，1863 ～ 1927）1908 年证明：高速电子的质量确实增加了，且与爱因斯坦预期的完全相同。此后的许多实验也证明爱因斯坦的狭义相对论是正确的。爱因斯坦的理论还引出了质 - 能互换关系。他断言，质量是能量的一种形式，并提出了质 - 能互换公式：$E=mc^2$，式中 E 代表能量，m 代表质量，c 代表光速。如果质量以克为单位，光速以厘米每秒为单位，那么能量就以尔格为单位。按照这个公式，我们可以推出：1 克质量等于 9 万亿亿尔格的能量，可把 100 瓦灯泡点亮 35000 年。正是这种微小的质量与巨大的能量在数值上的巨大差别，掩盖了它们之间的这种关系。

在宏观世界中，如化学反应放出能量时，反应前后的原子是不变的，反应物的质量也会损失一点，但仅占全体反应物质量的一小部分，在 19 世纪的实验室中，化学家是测不到这点损失的，所以从拉瓦锡开始，人们都认为质量守恒定律是精确成立的。但是在微观领域中，参与核反应的反应物质量本身很小，在核反应中损失的质量虽小，但占反应物质量的比例并不小，所以释放出的能量就很可观。实验表明，在微观领域中爱因斯坦的质能公式是成立的。这个公式可以这样理解：质量和能量是等价的，能量是获释的质量，质量是等待释放的能量。有了爱因斯坦的质能公式，我们就可以从反应前后的质量亏损来估算某种核反应是否能进行，反应是放能反应还是吸能反应，以及反应后能获得多少能量等。这是我们利用原子能的基础。但是，并非所有的质量都能转换成能量，就算是威力巨大的原子弹，一个铀核所释放的能量也只是其全部能量的约 0.5%。也就是说，铀自发裂变中产生的质量亏损仅占总铀质量的约 0.5%。

2.1.3　电子

首先介绍的是第一个被发现的基本粒子——电子。

电子是一个稳定的基本粒子，是构成原子的基本粒子之一，质量极小，带负电，在原子中围绕原子核旋转。电子的静止质量为 9.109×10^{-31} 千克、所带电量为 1.602×10^{-19} 库仑。自然界中其他带电体的电量是其整数倍，因此一个电子的电量称为单位电荷。

正电子　正电子是电子的反粒子，正电子总是与负电子成对地产生或湮没。要产生一个电子对，至少要消耗相当于 2 倍电子静质量的能量，也就是 1.02 兆电子伏特。一个能量大于 1.02 兆电子伏特的光子才有可能产生正负电子对，同时还必须有一个带电粒子在场，以便使此过程总的动量和能量守恒；相反，正、负电子对湮没时将会释放出 1.02 兆电子伏特的能量，也就是产生两个 0.511 兆电子伏特的光子。正电子是不稳定的基本粒子，一遇到电子就会发生湮没，而自然界中到处都是电子，所以自由态的正电子是少见的。

将一个原子放大到足球场那么大，原子核仅如一粒细沙，围绕这粒细沙旋转的电子，其大小则像一颗灰尘。而原子的"活力"，就来自于电子围绕原子核旋转的速度和离原子核的距离。核外电子的速度有多快呢？答案是：接近 20 万公里。

电力　两个电子间的相互作用力是斥力，可用虚光子的发射和吸收来描述。一个电子发射出一个虚光子，另一个电子吸收，就像两个人在打乒乓球，乒乓球相当于虚光子。量子力学的测不准原理，把测量时间 Δt 与在此时间内交换的虚光子能量 ΔE 的乘积表示为普朗克常量 h，即 $\Delta E \Delta t = h$。

因此，光子的能量越小，对应的时间 Δt 就越长。在比较长的时间里，虚光子可能走过比较长的距离。这就意味着，电子的距离越远，所交换的虚光子能量就越小，电子间的相互作用就越弱。这与库仑定律的表达是一致的——两个带电体之间的相互作用力与它们之间的距离平方成反比。

2.1.4　核子

核子是构成原子核的质子和中子的统称，是重要的基本粒子。中子和质子的质量和半径都极为相似，它们可以相互转化。它们的主要区别就是质子带电，而中子不带电。也可以认为它们是不同状态的核子，以上指的是处于

束缚状态下的中子和质子（即在核内作为原子核构成的中子与质子）。此外，处于自由状态的质子是稳定的，而中子是放射性的（自由中子的寿命为十几分钟），中子可通过β衰变转变成质子，放出一个电子和一个反中微子。但是不等于中子是一个复合粒子（由电子和质子组成），中子确实是一个基本粒子。

核力 核子间的相互作用力是核力，原子核是通过核力来保持稳定的。否则，不能设想在原子核这么小的体积内，这么多的核子能相安无事地聚在一起。核力属于强相互作用，虽然至今未给出明确的数学公式，但是我们可以借鉴电子之间的作用过程。电子交换虚光子，类似地，在核力的作用过程中充当乒乓球的是虚介子，在很短的时间内不断地完成着虚介子的交换，从而使质子和中子紧密地结合在一起，使原子核不至于瓦解。我们可以通过测算介子的力程来估算原子核的大小，虚π介子的电子云在1.2×10^{-15}米处降到零，所以我们可以把这个距离当成原子核的半径的近似值。

单个核子的质量

质子质量，$m_p = 1.67243 \times 10^{-24}$克；

中子质量，$m_n = 1.67474 \times 10^{-24}$克。

可见，单个核子的质量非常小，中子比质子重0.14%。在我们的研究中，忽略这一点差别是可以的，因此我们将采用"核子的质量"这一术语，并将其定为1.67×10^{-24}克。

能量当量 定义核子静止质量的能量当量，即产生一个核子所必须消耗的能量。

质子静止质量的能量当量为：938.2兆电子伏特；

中子静止质量的能量当量为：939.5兆电子伏特；

电子静止质量的能量当量为：0.511兆电子伏特。

2.1.5 原子核

质子和中子以核力的特殊作用方式组成原子核（称为核素——注意

其与元素的区别），这种特殊性也决定了质子和中子的结合方式不是任意的。自然界中已发现有 265 种稳定核素。想用人工方法制造自然界中不存在的稳定核是不可能的，自然界中发现的放射性核素基本在铅到铀之间，可分成三个天然放射系。很多不稳定核素是人工制造的，它们会衰变成稳定核素。

核素的核子数用 A 表示，质子数用 Z 表示，中子数用 N 表示。轻的稳定核素含有近似相等的质子和中子数。核素越重，中子数越大，重核素的中子比质子多 50%。

质量 原子核的质量近似等于核子的质量乘以核子数 A，更准确地说，它比核子的总质量少 0.85%。这部分质量称为质量亏损 Δm，它是核子在结合成原子核过程中释放的能量。质量亏损由下式给出：

$$\Delta m = m_p \times Z + m_n \times N - \text{原子核的质量}$$

原子的质量 原子质量的单位是 mu，定义为碳的同位素 ^{12}C 质量的 1/12。

$$1 \text{ mu} = 1.66032 \times 10^{-24} \text{ 克} = 913.441 \text{ 兆电子伏特}$$

由此得出用质量单位表示的核子的质量为

质子质量 $m_p = (1.007276 \pm 0.000002)$ mu；

中子质量 $m_n = (1.008665 \pm 0.000002)$ mu。

原子核的结合能 根据爱因斯坦质能方程，核子结合成原子核过程中共有约 0.85% 的质量亏损，这部分质量亏损转换为核子在结合成原子核过程中释放的能量，称为结合能。平均到每个核子约有 8 兆电子伏特，称为每个核子的平均结合能。这是怎么得来的呢？

一个原子核的总结合能为

$$B = \text{质量亏损} \times c^2 = \Delta m c^2$$

每个核子的平均结合能 f 等于总结合能除以原子核的核子数：$f = B/A$。将原子核从轻到重逐个代入计算，可发现 f 几乎是个常值，为 7.4 ～ 8.8 兆电子伏特。原子核的 f 值与原子核质量数 A 关系，如图 2-1 所示。

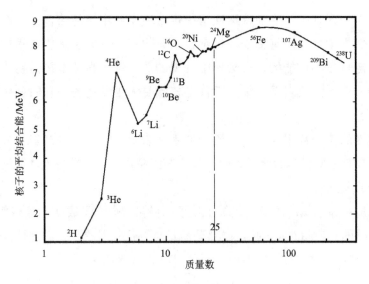

图 2-1 原子核平均结合能曲线

图 2-1 被称为核的平均结合能曲线。从图中可以看出获得原子能有两种方式，即重核裂变和轻核聚变。怎么理解？图 2-1 左边部分是轻核区，组成轻核的核子平均结合能较小，但平均结合能随原子核逐渐变大而增加。氢的同位素氘原子核（总共 2 个核子）核子的平均结合能只有 1 兆电子伏特，氦原子核（总共 4 个核子）核子平均结合能就增加到 7.2 兆电子伏特，如果两个氘原子核聚合成一个氦原子核，就要放出 24 兆电子伏特左右的能量，平均到每个核子在一次聚变中放出 7 兆电子伏特能量，这是相当可观的。

图 2-1 靠近右边部分是重核，组成重核的核子的平均结合能为 7～8 兆电子伏特，而中等核的平均结合能为 8～9 兆电子伏特。那么，如果一个重核裂变为 2 个中等核，平均每个核子裂变时能释放出大约 1 兆电子伏特的能量。这就是裂变反应，也就是原子弹及其他核反应堆、核电站等能够提供能量的理论依据。

对比平均结合能曲线的左右两边，每个核子提供的能量，曲线右边的重核裂变远小于曲线左边的轻核聚变。这就是氢弹威力远大于原子弹的原因。

原子核中的力 原子核是依靠很强的核相互作用（表现为核子间的吸力）和库仑相互作用（表现为质子间的斥力）结合在一起的。在原子核尺度的微观系统中，与上述两种作用相比，万有引力可忽略不计。又因为核相互作用比电磁相互作用大100倍，较轻的和中等的原子核非常稳定，较重的原子核依靠增加中子数来达到稳定。但是当一个原子核多于82个质子时，无论中子的数量多大，也不能达到稳定，一定会发生衰变。

为什么轻核内的质子与中子数基本相等，而原子核越重，质子数与中子数之间的差别就越大呢？这可比较一下在原子核的尺度范围内核子间核力与电磁力的作用情况。中子和质子之间的核力都是强吸引力，大小也相同，而电磁力仅对带电粒子起作用，核内带电粒子是只带正电的质子，电磁力起排斥作用。核力是短程力，电磁力是长程力，核力比电磁力强2个数量级。基于核力与电磁力的这些特点，在轻核尺度内质子数较少，电磁力的排斥作用弱，而核力的吸引作用强，总的结果是吸引作用占优势，轻核就显得很稳定。当原子核逐渐变大时，质子数增加，电磁力的排斥增强，削弱了核力的吸引作用，原子核就变得不稳定。为使原子核稳定，就要增强核力，从而增加核内的中子数，中子不带电，不会使核内的电磁力增加。总的结果仍然保持吸引作用占优势，原子核也继续保持稳定。但是，核力因为其短程只能作用于两三个核子间，而电磁力则是长程的，充满了整个原子核，原子核的核子数增加到一定程度，这样无论增加多少中子，核力与电磁力的博弈都不占优势。所以重原子核就显得很松散，一定会发生衰变。

2.1.6 原子

每个原子核可以吸引住和自己的核电荷数相等数量的电子，以保证整个原子的电中性。电子围绕原子核做接近光速的高速运动，电子在某一时间点出现在哪个位置是不确定的，要用量子力学及相对论的相关知识来解释，我们通俗地称其为"电子云"。

在较重的原子中，电子分布在"壳层"里，从里到外依次称为K、L、M、N、O和P壳层。每个壳层可容纳的电子数目为$2n^2$，n是壳层数，不同壳层有不同的结合能，电子在不同壳层的跃迁会吸收或者放出能量。这些能量以可见光、X射线的形式被我们观察到。

电子的运动和宏观世界里的天体运动非常类似，不同之处在于电子的运动并无确定轨道，也就是说我们只能知道某时刻电子出现在某个位置的概率，而电子的运动轨迹是无法知道的。这也是微观世界与宏观世界的不同之处，在微观世界里，事件的发生只能用概率波来表征。伟大的物理学家爱因斯坦相信宇宙是明晰可辨的，说"我不相信上帝在和宇宙投骰子"。不过，爱因斯坦后半生虽然一直都在试图证明他的观点是正确的，但是从来没有成功过。

质量　电子质量只有核子质量的 1/1840，所以原子质量近似等于原子核的质量。

大小　原子的大小由最外层电子的轨道决定，为 10^{-10} 米数量级，我们知道原子核的大小为 10^{-15} 米的数量级，如果把原子的大小比作一个标准足球场，那么原子核相当于球场上的一粒沙子。

2.2　力和相互作用

物质处于不断运动变化之中，物质之间的各种相互作用支配着物质的运动和变化。物质之间的相互作用有各种各样的表现形式，按照目前的认识，可以将它们归纳为四种基本相互作用。物理学家将物体之间的相互作用称为"力"。

20 世纪以来，人们从最初认识到的两种力——万有引力和电磁力逐步扩展到了四种：万有引力、电磁力、弱相互作用力、强相互作用力。

2.2.1　电磁相互作用

人们最早认识的相互作用是电磁相互作用，它存在于电荷之间，与电荷的大小成正比，与电荷之间的距离平方成反比。电荷移动就形成电流，附近会产生磁场，而当电流来回振荡时，就会产生无线电波、光等。电磁力比引力强得多：两个电子间的电磁力是它们之间引力的 10^{43} 倍。同种电荷之间的力互相排斥，异种电荷互相吸引。一个大的物体，如地球或太阳，包含了几乎等量的正电荷和负电荷，它们之间所产生的吸引力和排斥力几乎抵消，因此两个物体之间纯粹的电磁力非常小。然而，电磁力在原子和分子尺度下起主要作用。一个原子中，电子和质子之间的电磁力使电子绕着原子的核做旋转，如同引力使得地球绕着太阳公转一样。

公元前 6 世纪，古希腊的泰勒斯用琥珀和毛皮摩擦，开始认识摩擦生电现象。公元前 3 世纪，我国《吕氏春秋》中就有关于磁石吸引铁的记载。但真正对电磁规律作定量描述，还是最近二三百年的事情。麦克斯韦总结了前人一系列发现和实验成果，于 1875 年提出了描写电磁作用的基本运动方程式，后来称为麦克斯韦方程。这是第一个完整的电磁理论体系，它把两类作用——电与磁统一起来，定量地描述了它们之间的相互影响、相互转变的规律。麦克斯韦方程还揭示了光的电磁本质：光本身是具有一定频率的电磁波。1900 年瑞利（Rayleigh）和金斯（Jeans）根据经典物理学推导出关于黑体辐射强度的瑞利－金斯公式。该公式在长波部分与实验符合很好，但在短波部分辐射强度不断增大，超过公式的估计值，这种现象当时被称为"紫外灾难"。这反映了经典物理学的困难。面对这一困难，普朗克勇敢地放弃了经典物理的能量均分原理，提出了电磁波的能量子假说，他认为电磁波的能量只能不连续地、一份一份地被辐射或吸收。但是，普朗克的假说并未得到承认。1905 年，爱因斯坦率先将普朗克的量子假说应用于光电效应的分析，提出了光量子理论，即光不仅在能量组成上是不连续的，而且在结构上也是不连续的。爱因斯坦第一次把两种对立的观念——粒子和波动统一起来：光在传播过程中突出地表现了它们的波动性，有干涉、衍射和折射等现象；但光在与物质相互作用中突出地表现了其粒子性，光量子带有一定的能量和动量，可以与其他物质交换，发生相互作用。列别捷夫的光压实验证实了光量子的能量、动量与光的频率波长的关系式。

还是在 1905 年，爱因斯坦分析了几个与经典物理尖锐对立的光及电磁现象的实验，提出了狭义相对论，从而开始了 20 世纪物理学的第一场革命。狭义相对论改变了牛顿的时空观，开始认识到时间、空间是物质的存在形式，时间、空间与物质不可分隔。狭义相对论是描写高速运动物体运动规律的理论，而牛顿力学只是它的低速近似。

1911 年，卢瑟福通过 α 粒子散射实验揭示了原子核的存在。1913 年，玻尔把普朗克的量子化概念引进卢瑟福的原子结构模型，提出了原子结构的量子化轨道理论。1924 年，德布罗意假设粒子性和波动性的统一不是光的特有现象，微观粒子也可能存在波动性。他模仿光量子能量、动量与频率波长的关系，提出物质波的假说。经过一系列物理学家的努力，如海森伯（Werner Karl Heisenberg，1901 ～ 1976，德国物理学家，1932 年获诺贝尔物理学奖）、玻恩（Max Born，1882 ～ 1970，德国物理学家，1954 年获诺贝尔物理学奖）、薛定谔、狄拉克等，量子力学建立起来了。

量子力学开始了 20 世纪物理学的第二场革命。量子力学是描述微观粒子运动规律的理论，而牛顿力学是它的宏观近似。过去，人们对光的认识过分强调其波动性，原来光在波动性上还叠加有粒子性；人们对电子等微观粒子的认识，也过分强调其粒子性，原来电子在粒子性上还叠加有波动性。一切物质都是粒子性与波动性的统一。

低能微观粒子与光子还有实质性的不同。光子在与物质相互作用过程中可以产生和消灭，而低能过程中电子只能改变运动状态，不能产生和消灭。产生这种不同的根源在于光子的静止质量为零，而电子的静止质量不为零。按照狭义相对论，有静止质量的粒子带有一定的静止能量。只有在相互作用过程中能量传递超过粒子静止能量时，才有可能发生粒子的产生与消灭现象。

因此，在研究高速微观粒子的运动规律时，两大革命理论统一起来了。相对论与量子理论结合起来，形成描述高速微观运动规律的量子场论。量子场论中最成熟的是描述电子的电磁作用过程的理论——量子电动力学。特别是 20 世纪 40 年代发展起来的重整化理论，解决了量子电动力学中出现的发散困难。量子电动力学中关于电子反常磁矩和氢原子能级拉姆位移的计算结果，以 7 位以上有效数字的精度与实验符合，使量子电动力学站稳了脚跟。人们对电磁相互作用的认识得到了深化。

2.2.2　引力作用

人类认识的第二种相互作用是引力作用。这种力是万有的，也就是说，每一粒子都因它的质量或能量而感受到引力。引力比其他三种力都弱得多。引力是如此之弱，以至于若不是它具有两个特别的性质，我们根本就不可能注意到它。因此，它会作用到非常遥远的距离去，并且总是吸引的。这表明，在像地球和太阳这样两个巨大的物体中，所有粒子之间的非常弱的引力能叠加起来产生相当大的力量。

万有引力是自然界中我们最熟悉的、同时也是最重要的现象。在 17 世纪牛顿提出万有引力定律前，人们虽然知道有物体会下落，但是对此现象却作了神秘主义的解释。在哥白尼、开普勒、伽利略等科学家对天体运行的大量观测和归纳基础上，牛顿将这种现象归结为源自万物的一种引力，可以用方程式来表述它的大小，解释并估算了天体轨道、地球引力、物体重量等一系列问题。因此，牛顿的万有引力定律作为普适的规律，为科学和大众所接受。

我们都知道，世界上任何两种物体之间都存在引力，不管它们之间的距离有多远，也不管它们的质量是大是小。这个力与物体的质量成正比，与它们之间的距离平方成反比。引力是一种长程力，常可以用引力场来描述这种相互作用。物体间的引力作用是很弱的，只有涉及星体这样的庞然大物，实验上才能感受到有引力作用存在。与电磁作用不同，任何物体间都存在引力。因此，在许多电中性物体的运动中，如宇宙中星体运行、地球表面物体的运动等现象中引力会占有优势。

牛顿万有引力定律提出以后，与实验一直符合得较好，长期以来没有人想到要修改这一定律。19 世纪实验观测到的水星近日点的进动，根据牛顿定理计算，尚有每世纪 43 秒的差异，但该矛盾还没尖锐到必须修改理论的程度。爱因斯坦提出狭义相对论后，对牛顿引力定律产生了怀疑。他从在局部时空引力和加速坐标系的惯性力间的等价原理出发，认为引力作用是和空间弯曲相联系的。1916 年，爱因斯坦提出了广义相对论，牛顿引力定律成为广义相对论在弱引力条件下的近似。广义相对论不仅解释了水星近日点进动的43 秒偏差，而且预言了光线在引力场中的偏转和在引力场中光谱的红移现象。不久，这两个预言都得到实验验证。近年来，随着天体物理和宇宙学的发展，又提出了一系列广义相对论实验验证方法，如无线电波传播中的时间延迟、脉冲星的研究、黑洞的探索和宇宙起源等问题。广义相对论把人们对引力相

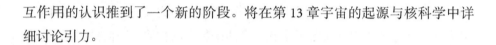

互作用的认识推到了一个新的阶段。将在第 13 章宇宙的起源与核科学中详细讨论引力。

2.2.3 弱相互作用

第三种力称为弱相互作用（或弱核力）。弱相互作用是短程作用，它制约着放射性现象，只有在微观现象中才显示出来，因此人类认识它们的时间不长，认识的深度也远不及前两种作用。弱相互作用主要表现在粒子的衰变过程中，它是短程力，其强度比电磁相互作用弱百亿倍，但比引力作用强。这种作用导致的衰变过程寿命大致在亿分之一秒的量级，与典型的通过电磁作用衰变的过程相比要慢七八个数量级，所以将这种作用命名为弱相互作用。弱相互作用制约着放射性现象，并只作用于电子、中子、质子等，而对诸如光子、引力子等粒子不起作用。弱相互作用引起原子核 β 衰变的结果是核内中子与质子间的相互转化，如果把质子和中子看成同一种粒子——核子的两个不同的量子态，两者间的转化就是两个量子态间的跃迁，电子和中微子是跃迁产物，原先并不存在于原子核内（正如原子从高能态跃迁到低能态，有光子放出，而光子并不存在于原子中一样）。弱相互作用是一种破坏力，β 负衰变中核内中子在弱相互作用下衰变成质子、电子和反中微子，正如岩石的分化一样，是一种缓慢、弱的作用力。

2.2.4 强作用力

第四种力是强作用力（或强核力）。强核力存在于原子核内，它将中子和质子中的夸克束缚在一起。它是短程力，是为了解释为何带同样正电荷的质子和质子能共存在一个很小的原子核内而引进的一种力。按照电磁力的观点，同类电荷互相排斥，且距离越近，斥力越大。要让两个质子共存于原子核内，核内必须存在另一种吸引力，它要比排斥力大得多。人们对强相互作用的认识是从核力作用开始的。原子核由质子和中子组成，原子核大小在 10^{-15} 米数量级，每个核子的平均结合能为 0.8 兆电子伏特。原子核在裂变和聚变反应中，结合能发生变化，可以释放大量能量，这就是原子能的理论基础。

质子和中子能以如此大的结合能束缚在如此小的范围内，它们之间必须有很强的相互作用存在。这种作用开始称为核力，超出原子核，就不能显示核力，一个核子只能与邻近的几个核子有核力的作用，其作用范围甚至不能达到核内的所有核子。核力还具有电荷无关性，也就是说核内中子与质子、质子与质子、中子与中子之间的核力都是相等的。后来，发现核力不仅存在于核子之间，也存在于其他微观粒子之间，故统称为强相互作用。存在强相互作用的粒子称为强子。强相互作用比电磁相互作用强 100 倍，如果通过强相互作用衰变，微观粒子的寿命的数量级比典型的通过电磁作用衰变过程快六七个数量级。

人类对强相互作用的理解还是处于初步阶段。20 世纪 70 年代初提出的量子色动力学是目前相对比较满意的强作用理论。但是，还有许多不清楚的问题有待人们去探索。在目前实验能达到的能量范围内，微观粒子之间的引力作用一般可以忽略。只有在各种守恒定律规定不能发生强作用和电磁作用时，弱作用才显示其重要性。相对强作用来说，电磁作用又是很小的修正，只有在不存在强作用的过程中电磁作用才能充分显示出来。强相互作用是目前认识的最强的作用。

2.2.5　建立统一的相互作用理论

长期以来，人类有个朴素的愿望，世界是统一的，各种基本相互作用应该有统一的起源。许多著名物理学家，如爱因斯坦、海森伯、泡利等，在晚年致力于统一理论的研究，但是没有取得成功。麦克斯韦方程统一了电和磁两种相互作用，温伯格（1967 年）和萨拉姆（1968 年）在格拉肖早期工作的基础上，成功地建立了一个优美的理论，把电磁力和弱相互作用力看成一个单一的力——电弱力——的不同表现形式，从而把它们统一起来。这种模型的成功加深了人类对弱作用和电磁作用本质的认识，也推动了人们在规范理论基础上把各种相互作用统一起来的努力。

相对论建立后，爱因斯坦自然地想到要统一当时公知的两种相互作用——万有引力和电磁力。他花费了后半生近 40 年的主要精力去寻求

和建立一个统一理论，但没有获得成功。现在已经知道，自然界中存在的四种相互作用，除万有引力之外的三种都可用量子理论来描述，电磁力、弱和强相互作用力的形成是用假设相互交换"量子"来解释的。但是，引力的形成完全是另一回事，爱因斯坦的广义相对论是用物质影响空间的几何性质来解释引力的。人们也可以模仿解释电磁力的方法来解释引力，这时物质交换的"量子"称为"引力子"，但这一尝试却遇到了理论上的很多困难。

近年来，一种新的统一理论正在兴起，称为超弦（superstring）理论。该理论认为微观粒子不是点，而是一维弦，自然界中的各种粒子都是一维弦的不同振动模式，并在弦的基础上形成一套量子化方法。该理论只有几个基本参数，其他参数原则上都可由理论计算得到，只是由于数学上的困难，暂时还算不出来。人们期望这一理论可以统一四种基本相互作用，当然，目前困难还很大，对这种理论持批评意见的人也很多。

综上所述，本节讨论的是自然界存在的四种基本相互作用，其大小、性质和范围可以用表 2-1 来表示。

表 2-1　四种基本相互作用强度和力程

相互作用名称	相对强度 （以强相互作用为准）	性质 （对距离的作用大小）	作用范围 /m
强相互作用	1	$1/r^7$	10^{-15}
电磁相互作用	1/137	$1/r^2$	无限大
弱相互作用	10^{-13}	$1/r^5$ 到 $1/r^7$	10^{-18}
引力相互作用	10^{-39}	$1/r^2$	无限大

注：r 为粒子半径。

从表 2-1 中可以得到以下结论：

（1）电场存在时，可以忽略万有引力。

（2）核子间的强引力仅局限于原子核内部，电磁力则存在于原子及其周围区域。

（3）四种相互作用中，有三种与核有关，即电磁相互作用、强、弱相互作用。

人类从未停止对物质本质的探索，核子还能不能再分割，答案也是肯定的。20 世纪 60 年代，美国物理学家默里·盖尔曼（Murray Gell-Mann，1929～）和乔治·茨威格（George Zweig，1937～）各自独立地提出中子、质子这一类强子由更基本的单元——夸克（quark）组成，从而对物质的认识从核物理的层次进入到粒子物理的层次（但是，由于夸克被科学界广泛接受要晚好多年，以至于 1969 年将诺贝尔物理学奖颁给盖尔曼并表彰他对基本粒子研究的贡献时，竟未提及夸克的发现）。

2.3 放 射 性

本节介绍射线的基本性质和基本概念，这对于认识射线与物质的相互作用是很重要的。

2.3.1 原子核的稳定性

天然核素可分为两类：稳定核素和不稳定核素。经验上，我们把现代技术尚不能确定其存在自发衰变的原子核称为稳定核素。核衰变发生的概率用半衰期表示，某核素的半衰期是指其衰变而数目减少一半的所需时间。自然界存在约 265 种稳定核素，它们的核电荷数（即核内质子数）范围从 $Z=1$ 到 $Z=82$（除了 $Z=43$ 的锝和 $Z=61$ 的钷之外），即从氢到铅每一种元素都有至少一个稳定同位素。铅以上的元素都是不稳定的，它们分为三个放射性系列：钍系、铀系和锕系。各系列的首个元素的半衰期可达 10^{10} 年（比地球的历史长，不然，它早就衰变完了）。各系列的成员多半具有 α 放射性，少数具有 β 放射性，一般都伴有 γ 辐射。每个放射系从母体开始，都经过十几次的衰变，最后达到稳定的铅同位素。

钍系从 ^{232}Th 开始，经过 1 次 α 衰变，2 次 β 衰变，再经过 4 次 α 衰变，2 次 β 衰变和 1 次 α 衰变，总共经过 10 次衰变，最终变成稳定同位素 ^{208}Pb，母

体 ^{232}Th 的半衰期为 1.405×10^5 年，子体半衰期最长的是 ^{228}Ra，为 5.75 年。

铀系从 ^{238}U 开始，经过 14 次衰变：1 次 α 衰变，2 次 β 衰变，再经 5 次 α 衰变，2 次 β 衰变，1 次 α 衰变，2 次 β 衰变和 1 次 α 衰变，最后变成稳定同位素 ^{206}Pb，母体 ^{238}U 的半衰期为 4.468×10^9 年，子体半衰期最长的是 ^{234}U，为 2.455×10^5 年。

锕系则从 ^{235}U 开始，经过 11 次连续的衰变：1 次 α 衰变，1 次 β 衰变，1 次 α 衰变，1 次 β 衰变，4 次 α 衰变，再经 1 次 β 衰变，1 次 α 衰变，1 次 β 衰变，最后变成稳定核素 ^{207}Pb，母体 ^{235}U 的半衰期为 7.038×10^8 年，子体半衰期中最长的是 ^{231}Po，为 2.38×10^4 年。

$Z>82$ 的不稳定核素中，基本都是通过核反应人工制造的：用中子或带电粒子（如质子、氚核等）轰击靶核可引发生成放射性核素的核反应。目前，已制得 2000 多种核素（包括 $Z \leqslant 82$ 的人工核素），其中放射性核素最终会衰变成稳定的核素。元素周期表中只有 100 多种元素，但每种元素有多种同位素，如氢元素，就有氕和氘两种同位素。元素周期表里显示的原子量是该元素所有同位素原子量的平均结果。

制造人工放射性同位素的装置主要是反应堆和加速器。反应堆制备同位素，可用高通量中子流轰击靶核，靶核捕获中子而生成放射性核，它们是丰中子同位素（核内中子数多于其稳定核素）；或用中子引发重核裂变，在裂变产物中提取放射性核素。用加速器制备同位素，主要是带电粒子核反应的产物，它们大半是短寿命的核素，是缺中子同位素（核内中子数少于其稳定核素）。反应堆的生产量大，是人工放射性核素的主要来源；加速器生产的缺中子核素，也有很多重要应用，如核医学中的 ^{18}F。

在经典物理学中我们就知道"热量不会从低温物体自发地传递给高温物体，而不引起其他变化"，水不会自发地从低处流向高处。同样，原子核的衰变也只能从高能态转变成低能态，这是个自发过程。在衰变过程中体系的总质量减少了，减少的质量转换为放出的能量。虽然原子核有不稳定性，但是所有的不稳定性中又遵循某些守恒律。

当不稳定性导致衰变时，原子核的状态发生改变。原子核自身的状态改变后，在大多数情况下，电子云的状态也发生变化，衰变过程中遵从某些守恒定律。守恒定律是从自然界中的某些对称性中引出的，这些对称性要求衰变过程中某些量保持不变。下面简要讨论几个基本守恒。

质能守恒　自发衰变引起衰变粒子的质量和能量变化，但系统总的质量和能量保持不变。衰变过程中，粒子的质量只能减少，不能增加，所以没有静质量的粒子（如光子）不能自发衰变。与能量守恒定律对应的对称性是时间对称。

线动量守恒和角动量守恒　如果一个系统不受外力或所受外力的矢量和为零，那么这个系统的总动量保持不变，这个结论称为动量守恒定律。在衰变过程中，动量和角动量是保持不变的。与动量守恒定律对应的对称性是空间对称性。

电荷守恒　电荷既不能被创造，也不能被消灭，只能从一个物体转移到另一个物体，或者从物体的一部分转移到另一部分，在转移的过程中，电荷的总量保持不变。作为物理学的基本定律之一，它指出：对于一个孤立系统，不论发生什么变化，其中所有电荷的代数和永远保持不变。如果某一区域中的电荷增加或减少了，那么必定有等量的电荷进入或离开该区域；如果在一个物理过程中产生或消失了某种电荷，那么必定有等量的异号电荷同时产生或消失。例如，在衰变过程中有一个正电荷产生，必定有一个负电荷伴随着产生。

通过诸多守恒现象，使我们体会到自然界的美妙与和谐，看到了自然科学的魅力。

2.3.2　衰变定律

对于放射性元素的衰变，我们不能确定某个原子核在何时会发生衰变，只能给出其在某个时间段衰变的概率。单位时间内一种放射性原子核衰变的概率称为衰变常量 λ。因此，在时间 dt 内，一个原子核的衰变概率为 λdt。

衰变常量有两个基本性质：一是衰变常量不受外界因素（如温度，压强等）的影响，二是衰变常量 λ 与元素的年龄（有些元素在地球形成时就存在，有些则是在后来演变而成，有些则衰变成其他元素，所以元素存在时间的长短可以用年龄表示）无关，即不随时间的变化而变化。

1. 衰变定律

由此可以推导出衰变定律的数学表达式。在时间 dt 内，一个原子核的衰变概率为 λdt，那么具有相同衰变概率的 N 个原子核在 dt 时间内衰变数为

$$dN = \lambda N dt \qquad (2\text{-}1)$$

其中，λ 与 t 无关，解上式可得

$$N = N_0 e^{-\lambda t} \qquad (2\text{-}2)$$

式中，N_0 是放射性原子核的初始数目；N 是在时刻 t 尚未衰变的放射性原子核数。

2. 放射性活度

一个放射性核素在单位时间的衰变次数定义为放射性活度 A，通常用贝可勒尔（Bq）作为单位——每秒发生一次衰变为 1Bq。如果一次衰变只发射一个粒子，放射性活度即等于放射性强度。但是，经常的情况是一次衰变要发射若干个粒子，那么，放射性强度就要大于放射性活度了。

如果以原子在单位时间内衰变的概率为 λ，N 是当时存在的原子数，那么在单位时间内将会发生衰变的平均原子数就是 λN，即

$$A = \lambda N \qquad (2\text{-}3)$$

将 λ 乘式（2-2）可得

$$\lambda N = \lambda N_0 e^{-\lambda t} \qquad (2\text{-}4)$$

也即放射性核素强度衰变的指数规律为

$$A = A_0 e^{-\lambda t} \qquad (2\text{-}5)$$

3. 半衰期

用半衰期代替衰变常量更方便。半衰期的定义是放射性原子核衰变到原来一半数目时所需要的时间，记为 $T_{1/2}$。$T_{1/2}$ 与 λ 的关系可由下式得到

$$A = A_0/2 = A_0 e^{-\lambda T_{1/2}} \qquad (2\text{-}6)$$

$$T_{1/2} = \ln 2/\lambda \qquad (2\text{-}7)$$

在半对数坐标中（图 2-2）放射性强度与半衰期的关系呈直线，该放射性元素的初始放射性强度为 A_0，$T_{1/2}$ 时衰减为 $A_0/2$，$2T_{1/2}$ 时衰减为 $A_0/4$，……

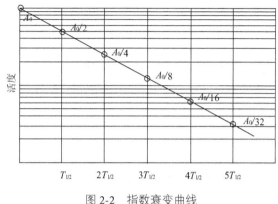

图 2-2 指数衰变曲线

2.3.3 放射性辐射的性质和分类

放射性辐射可分成两个基本类型：带电粒子和电磁辐射。两者有许多不同之处，主要是粒子具有质量，而电磁辐射没有静质量，它们与物质的相互作用也各不相同。

在放射性衰变放出的射线中，有两种与物质相互作用很强的粒子：β射线和α粒子，β射线（电子）带负电，α粒子（氦核）带正电。它们的质量差别也大，电子被列为轻粒子，α粒子则被列为重粒子。下面将要讨论的关于α粒子的许多内容，一般也适用于其他的带电重粒子。

1. β射线——高速电子束

本节讨论的β射线，并不是以前在作为原子构成中讨论的核外电子，而是指由自由电子组成的射线束。它们可以是由具有β放射性的放射源发出的辐射，也可以通过人工的方法（如电子加速器）获得。它们一般具有几兆电子伏特的能量（放射性核素发出的β粒子，最大能量通常低于3兆电子伏特）。

速度 β粒子即带能电子，具有很高的速度，就以本节讨论的带能电子而言，能量在几百千电子伏特到几兆电子伏特，即使能量为100千电子伏特的电子，其速度也已接近光速了。此时带能电子的行为应该用相对论的方法来处理。

稳定性 电子是比较稳定的粒子，电子与电子相碰撞时不会消失，电子与原子核碰撞时被原子核吸收产生核反应的概率也几乎为零，当电子穿过物质时，它的能量被吸收，但电子本身还在；当电子失去全部能量时，它就停留在介质中。电子只有当与正电子相碰时会湮没，但是自然界中正电子很少出现，因此电子在穿过物质时，湮没的概率也是很小的。

电子运动的波动性　电子、质子、α粒子等一些粒子的运动可以用波动力学来描述。波动力学把粒子的波动性和微粒性统一起来，认为运动中的电子亦具有相应的波长 λ，定义为：$\lambda = h/p$，式中 p 表示电子的角动量，h 是普朗克常量。

能量为 10 电子伏特的电子波长为 4×10^{-8} 厘米，600 兆电子伏特电子的波长减小到 2×10^{-13} 厘米，当电子穿过其大小与电子波长相近的体系时，就可以观察到电子的波动性，如衍射。

2. 重带电粒子——α粒子

α粒子是氦原子核，现在研究它的基本性质。

质量　α粒子的质量是两个质子和两个中子的质量之和减去它们结合时的质量亏损，几乎比电子的静质量大 7300 倍。

能量　在 α 衰变中，放出 2～10 兆电子伏特的能量。这种能量对应的 α 粒子的速度比光速至少低一个数量级，因此 α 粒子一般不用相对论方法来处理（例如，10 千电子伏特电子与 α 粒子的速度分别为光速的 0.195 倍和 0.0025 倍）。

波长　因为 α 粒子的质量大，根据波长的关系式 $\lambda = h/p = h/(2mE)^{1/2}$，波长与粒子质量成反比，当粒子能量相同时，α 粒子与电子的波长之比约为 1:100（例如，10 千电子伏特电子与 α 粒子的波长分别为 1.22×10^{-9} 厘米和 1.03×10^{-11} 厘米）。这些 α 粒子是严格定域的，波动性表现得不太明显。在某些情况下，完全可以用经典物理来研究它们的运动。

电荷　虽然 α 粒子带 2 个正电荷，但是穿过物质时，其有效电荷并不等于 2，而是小于 2。这是因为在穿过物质的电子群时，α 粒子不时会得到一个电子，随后电子又被撞离，所以 α 粒子的电荷总是不断变化的。总体来看，可以定义一个平均电荷的概念，平均电荷是 α 粒子能量的函数，能量越高，平均电荷就越大，数值就越接近 2。

稳定性　游离态的 α 粒子是很稳定的。α 粒子与核外电子的碰撞仅传递能量，而原子核和 α 粒子由于正电荷之间强烈的排斥，很难发生核反应。或者说，α粒子只有具有相当能量，才能进入核中发生核反应。当α粒子穿过物质时，它的能量被吸收，而α粒子本身被吸收的过程则可以忽略。

3. 电磁辐射

γ射线也是电磁辐射，与X射线、光及无线电波一样，它们之间的区别只是频率不同。经典物理把电磁辐射当成波动现象来处理。电磁波在真空传播的速度等于光速，在物质介质中传播的速度要低一些。

光子　经典物理理论不能解释高能电磁辐射的发射和吸收过程，也不能解释光电效应、康普顿效应。爱因斯坦在解释光电效应时提出：电磁辐射的能量是一份一份的而不是连续的。光子能量等于$E=h\nu$，即频率和普朗克常量的乘积。因为光速等于c，所以它的动量为

$$p=E/\lambda=h\nu/c=h/\lambda$$

电磁辐射按频率由低到高排列，依次为无线电波、微波、红外线、可见光、紫外线、X射线及γ射线。在可见光的频率范围内，波长比实验装置的尺寸小得多。例如，一个透镜的直径是几厘米，光的波长只是其半径的10^{-5}。这使人们能用经典物理的一个分支——几何光学——来描述它的传播（如反射、折射、衍射等）。但是，在此γ射线频率范围，光子能量已高到足以测量到单个光子，处理光子的发射和吸收过程时就要运用量子力学方法。

光子的稳定性　孤立的光子是很稳定的，在无其他粒子的情况下，它不能转变，否则将违反能量、动量守恒定律。以下是γ衰变中所产生光子的一些性质：

（1）质量等于零；

（2）速度等于光速3×10^{10} cm/s；

（3）能量通常小于3兆电子伏特；

（4）相互作用是电磁相互作用。

2.4　原子核反应

前面讨论的放射性衰变，是不稳定核自发产生的转变，转变的方向总是

朝稳定核方向发展，最终变成稳定核。而相反的方向，则由稳定核向不稳定核的发展，这个过程不会是自发的，而是通过核反应发生。原子核与原子核或其他粒子发生相互作用而引起的各种变化，称为核反应。核反应多达几千种，它们既是研究原子核的重要途径，也是获得原子能和放射性核素的重要手段。

2.4.1 核反应的一般表达式

核反应的过程可以用以下式子来表示

靶原子核　入射粒子　　剩余原子核　发射粒子　反应能

$$^{14}N + {}^{4}He \longrightarrow {}^{17}O + {}^{1}H + Q$$

也可以写成如下简单表达式：

$$^{14}N\,({}^{4}He,\,{}^{1}H)\,{}^{17}O$$

括号外是反应核（^{14}N）以及生成核（^{17}O），括号内的是入射粒子和发射粒子。由于入射粒子氦核就是 α 粒子，发射粒子氢核就是质子，通常可以写为

$$^{14}N\,(\alpha,\,p)\,{}^{17}O$$

这一反应式是历史上第一个核反应，是卢瑟福在 1919 年实现的。他利用 α 粒子去轰击氮核，结果产生了质子，而反应产物则变成了氧的同位素 ^{17}O。

在上述核反应式中，Q 是反应能，其出现是由于核反应过程要遵守质能守恒定律，如果核反应前后发现各参与核反应的核和粒子的质量发生了亏损，表示这个核反应是放能反应；反之，则是吸能反应。

除了质能守恒外，核反应过程要遵守的守恒定律还有电荷守恒、动量守恒、角动量守恒、宇称守恒等。

在核反应中还经常出现反应阈能的概念，反应能与反应阈能有什么区别呢？前面讨论过，反应能 Q 值有正有负，大于 0 是放能反应，小于 0 是吸能反应。对于吸能反应，只有当入射粒子的能量大于一定数值时反应才能发生，这个数值就称为该反应的阈能。那么，反应阈能是否等于反应 Q 值呢？答案是否定的。反应阈能应该比反应 Q 值大。为了满足反应前后的动量守恒，入

射粒子的能量除了供应体系吸收的 Q 值外，还需要供给剩余核反冲动能、出射粒子的动能等。

2.4.2　核反应的类型

核反应可有多种分类法。①按照入射粒子区分，有带电粒子和不带电粒子核反应，轻粒子和重离子核反应；②按照入射粒子能量区分，有低能和高能核反应；③按照反应过程和产物区分，则可粗略归结为弹性散射、非弹性散射和一般核反应；④按照核反应机制区分，则有直接反应、复合核反应、削裂反应等。下面简略介绍第三种分类。

（1）弹性散射：核反应前后，入射粒子、靶核与出射粒子、产物核相同，没有新核和粒子生成，只是入射粒子与靶核交换了动能，其他均无变化，靶核未被激发，也就是状态（能级）未发生变化。弹性散射可简单表示为 A（a，a）A。

（2）非弹性散射：核反应前后，入射粒子、靶核与出射粒子、产物核相同，没有新核和粒子生成，但是，入射粒子与靶核交换动能时，还把一部分能量交给靶核，使靶核的内能增加，也就是使靶核激发到高能级。非弹性散射可以简单表示为 A（a，a）A*。

（3）一般核反应：入射粒子与靶核发生相互作用，不仅有动能和动量的交换，还有核子（中子、质子）的交换，使靶核发生改变，生成了出射粒子和产物核，可表示为 A（a，b）B 的形式。

2.4.3　核反应截面和产额

每种核反应都有不同的概率。为了试验和研究的需要，我们用一个参数来描述这种核反应的概率，即反应截面。

将单位时间发生的核反应数作为分子，单位时间入射粒子数与单位面积靶核数的乘积作为分母，得到的是一个粒子入射到单位面积上只含有一个靶核的靶上所产生的核反应概率，这就是反应截面的物理定义，它具有面积的量纲，故称为截面。

对于核反应，单位面积为 cm^2 的量纲太大，我们定义 $10^{-24}\,cm^2$ 为 1 靶（b）。

核反应截面一般为毫靶（mb），甚至微靶（μb）。

反应截面与入射粒子能量的关系曲线称为激发曲线。已制成各种激发函数与激发曲线的手册供实验工作者使用，这是研究与利用核反应的基础工作。

2.4.4　世上第一个人工核反应 ^{14}N（α，p）^{17}O

1919 年，卢瑟福接替汤姆孙出任卡文迪许实验室主任。同年，他以 ^{214}Po 放出的 7.68 兆电子伏特 α 粒子为炮弹，轰击氮的气体，结果发现有质子生成（图 2-3）。

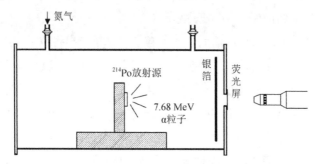

图 2-3　第一个人工核反应示意图

粒子打在荧光屏上的闪光，可用显微镜观察。据估计，放射源放出的 α 粒子会被银吸收，所以不会在荧光屏上看到闪光。他们先在气体室中充满二氧化碳气体，荧光屏上没有出现闪光，但是当在气体室中充满氮气时，看到了闪光。经过分析，卢瑟福认为使荧光屏发光的粒子是质子。他是这样分析的：质子是由 α 粒子与氮核碰撞时，氮原子核吸收 α 粒子后发射出来的。这是人类历史上进行的第一个人工核反应，开辟了利用人工方法将一个原子核变成另一个原子核的途径。

2.4.5　历史上首次制备人工放射性核素的反应 ^{27}Al（α，n）^{30}P

1934 年，约里奥·居里夫妇用 α 粒子轰击铝箔时，发现有正电子发射出来，但移去 α 粒子源后，正电子的发射仍未停止。这意味着上述核反应的产物 ^{30}P 是放射性核素，它具有 $β^+$ 放射性（^{30}P 是 ^{27}Al 吸收 α 粒子后生成的，核内质子过剩，所以发射正电子变成稳定核素 ^{30}Si）。人工放射性的发现为放射性的研究和应用开辟了广泛的前景。

2.4.6 元素周期表的不断延伸

在人类发现放射性后，就想通过核反应寻找比天然存在最重元素铀更重的元素。1940 年人们用中子轰击 ^{238}U 获得第一个超铀元素 ^{239}Np（^{238}U 加上一个中子变成 ^{239}U，^{239}U 发射一个 β 粒子就变成了 ^{239}Np），因为铀（uranium）是以天王星（Uranus）命名的，所以镎（neptunium）就以海王星（Neptune）命名，^{239}Np 半衰期 23 分钟，具有 β$^-$ 放射性。镎是元素周期表的第 93 号元素，1941 年人们发现 ^{239}Np 会发射一个 β 粒子，变成 ^{239}Pu，这就是 94 号元素，钚（plutonium）是用冥王星（Pluto）来命名的。元素周期表就这样不断延伸，目前已拥有 116 种元素，发现了 20 多种超铀元素。

这些新元素中，有些是用对核科学发展做出重大贡献的著名科学家或实验室的名字来命名的，如 96 号元素命名为锔，以纪念居里夫妇；99 号元素命名为锿，以纪念爱因斯坦；100 号元素命名为镄，以纪念费米；101 号元素命名为钔，以纪念门捷列夫；103 号元素命名为铹，以纪念劳伦斯；104 号元素命名为铲，以纪念卢瑟福；107 号元素为命名铍，以纪念玻尔；108 号元素命名镖，以纪念德国黑森州实验室的贡献；109 号元素命名为镂，以纪念迈特纳；111 号元素为纪念伦琴而命名为轮；112 号元素为纪念哥白尼而命名为个镉。

2.5 射线与物质的相互作用

2.5.1 中子与物质相互作用

1.中子的发现与基本性质

中子是物质微观世界的一个层次，原子核由中子和质子组成。中子的发现比质子晚得多。回顾第 1 章中的中子发现史——早在 1920 年卢瑟福就在英国皇家学会进行的著名的贝克尔演讲中预言：原子核的内部可能存在一种中性粒子，其质量与质子差不多，从而解释了原子量与原子序数不一致的矛盾。但过了十年，这个中性子还是没找到。1930 年，德国科学家发现，用 α 粒子去轰击铍，会产生一种奇怪的射线，它在电场和磁场中都不偏转，而且穿透性极强，穿透 2 厘米厚的铅板后，强度只减弱了 30%，他们认为这是一种奇怪的 γ 射线。

该消息传到法国后，约里奥·居里夫妇用这种射线轰击石蜡（石蜡富含氢），发现它能打出能量很高的质子。但是非常遗憾，他们也认为这是一种特殊的中性射线。在卡文迪许实验室，查德威克看到居里的报告后，就联想到这可能就是 1920 年卢瑟福所预言的所谓的中性粒子。他重新设计了实验，对这种射线进行了更细致的研究。他采用钋＋铍作为粒子源，使射线不仅撞击氢，还撞击氦、氮、硼等。他把各种撞击结果进行比较，发现这种射线的性质与 γ 射线不同——当用这种射线去轰击氢原子和氦原子时，就打出了氢核（质子）和氦核（α 粒子）。因此，他断定这种射线不是 γ 射线。因为任何能够从原子中打出质子的射线，都必须具有相当重的质量，而 γ 射线静止质量为零，没有打出质子所需的足够动量。通常 γ 射线照到物质上时，物质密度越大，对 γ 的吸收越厉害，而这种射线相反，物质密度越小就越容易吸收。查德威克经过计算得出，这种未知的粒子质量与质子几乎相同，呈电中性，他将其命名为中子，1932 年在自然（*Nature*）杂志上发表了他的实验结果，并且正式把这种中性粒子定名为 neutron。中子的发现是人类认识物质结构的又一次重要转折，它标志着人们完成了对原子核层次的基本认识。

中子存在于除了氢以外的所有原子核中，是原子核的重要组成部分。自由中子的质量比自由质子的质量略大一些，$m_n = 939.565 \text{ MeV}/c^2$。自由中子不稳定，它会自发地发生衰变而转变成质子，放出电子和反中微子。自由中子的半衰期为 10.6 分钟。

2. 中子与物质的相互作用

中子的特点是不带电，所以它与被轰击靶物质中的电子不发生作用，不能直接引起电离，要靠中子和靶原子核相互作用产生的带电次级粒子的电离作用，才能被记录。

中子和靶核的相互作用虽可以用弹性、非弹性等词语描述，但是与光子和物质的相互作用不同，其携带的能量与物质材料的原子序数的关系并不是平滑的，而是有许多共振峰的曲线。有的相互作用过程（如散裂）具有较高的阈值，需要中子具有较高的能量。下面详细描述这些相互作用。

1）中子与靶原子核的弹性碰撞

中子与靶原子核发生弹性碰撞时损失一部分动能，其运动方向发生改变，而靶核得到中子损失的那部分动能，成为反冲核。虽然有能量交换，但是中子和靶核组成的系统，满足能量守恒定律和动量守恒定律。如果靶核是轻核，如氢、氘等，反冲核会分得较大份额的中子动能，甚至可得到中子能量的一半，且中子的运动方向也有较大偏转，散射角可达 180°。中子与重核碰撞，中子的动能损失较少，发生的偏转也比较小。

2）中子与靶核的非弹性碰撞

中子可在被靶核捕获同时又发射一个中子，同时原子核也获得部分能量而使自己处于激发态。非弹性碰撞过程中，中子和靶核组成的系统并不满足能量与动量守恒，因为一部分中子的动能转变为靶核的内能（使靶核处于激发态）而损失掉了，然后靶核退激发，发出 γ 射线。例如，中子与氧核发生非弹性碰撞，发出 6.1 兆电子伏特的 γ 射线。

3）中子与靶核的无弹性碰撞

上述两个过程中，入射粒子与出射粒子都是中子，而在无弹性过程中，出射粒子不是中子，而可能是质子、α 粒子等。这个入射中子打出其他粒子的过程，称为无弹性碰撞。无弹性碰撞其实是中子产生的核反应，一般要求入射中子具有的能量较高，在 4 ～ 12 兆电子伏特范围内，才能产生这一相互作用。

4）中子被靶核的捕获过程

若中子具有与室温下的气体分子相同的能量（约 0.025 电子伏特），这时的中子称为热中子。热中子很易被靶核捕获，靶核通过退激发回到基态，同时发出 γ 射线；也可产生核反应，放出其他粒子，例如，热中子轰击氮核，生成碳核，放出 0.6 兆电子伏特的质子。

5）散裂过程

入射中子的能量在 20 兆电子伏特左右，那么其在与物质原子核碰撞时，会将原子核打碎变成几块核碎片，这个过程称为散裂反应。

3. 中子的慢化

中子按其带有的能量区分有如下几种。

（1）慢中子：能量＜ 1 千电子伏特；

（2）中能中子：能量 1 ～ 100 千电子伏特；

（3）快中子：能量 0.1 ～ 20 兆电子伏特；

（4）能量为 0.0253 电子伏特的中子称为"热中子"。

不管是核裂变还是其他核反应产生的中子，能量大都是几兆电子伏特的快中子。但是在有些实际应用中，需要能量为电子伏特量级的慢中子，这样就需要将中子减速。

快中子慢化的相互作用过程，是中子与原子核的弹性碰撞和非弹性碰撞，有效的中子慢化剂是轻核，如氢、重氢（氘）和石墨等。氢和氘没有激发态，中子和它们作用，损失能量的主要机制是弹性散射。对石墨，最低激发态的激发能是 4.44 兆电子伏特，因此当中子能量低于反应阈值能 E_{th}=4.8 兆电子伏特时，在石墨上也只发生弹性散射。

能量在几兆电子伏特的快中子，主要通过与高原子序数的原子核发生非弹性碰撞降低能量。非弹性碰撞时，入射中子一部分动能转变为原子核的激发能，处于激发态的核退激时会发射 γ 光子。为使原子核达到激发态，中子能量必须高于原子核的第一激发态（原子核可以处于基态和一系列激发态，最低的激发态称为第一激发态）能量，所以发生非弹性碰撞要求中子能量大于这个阈值。不同原子核的阈值在 0.1 ～ 5 兆电子伏特，原子序数高的重原子核阈值低，这种非弹性碰撞的概率随入射中子能量增大而增大。所以，含高序数原子的重物质对高能中子的慢化非常有效。例如，10 兆电子伏特左右的快中子，只要与铁原子核发生很少次非弹性碰撞，就能把能量降到 1 兆电子伏特左右。

能量为 0.1 ～ 2 兆电子伏特的快中子慢化，主要通过与轻原子核的弹性碰撞实现。中子与氢核的弹性碰撞概率最大，而且每次碰撞中转移给反冲质子（氢核）的能量也最多，所以氢是能量为 0.1 ～ 2 兆电子伏特快中子的最好慢化剂。由于弹性碰撞截面随中子能量降低而增大，所以含氢多的材料中，中子经受一次碰撞后，再次受到碰撞的概率增大，中子能量很快降低到热中子水平，最后被吸收。

热中子可以较容易地被任何原子核吸收。其过程是中子与原子核形成处于激发态的核，该核退激时会发射光子。这个过程称为中子的辐射俘获。除少数核素（如 Li 等）外，这种热中子的俘获总伴随发射 γ 射线。吸收作用使中子不复存在，中子被吸收的主要反应是辐射俘获反应，即（n，γ）反应。其他有（n，p），（n，α）反应等。

4. 中子的探测

探测中子要依靠中子和靶核相互作用，产生能引起电离反应的次级带电粒子，才能探测入射中子的信息。一般来说，中子的探测效率较低，能量分辨率也差。常用的快中子探测器为有机闪烁计数器，只是在使用时要将中子和 γ 射线区分开来，因为有机闪烁计数器同时对两者都敏感。对低能中子可以用含氢正比计数器来探测。

5. 中子的屏蔽

中子常与次级带电粒子或 γ 射线共存，因此，中子的屏蔽较为复杂，除考虑减弱过程和吸收过程外，还应考虑 γ 射线的屏蔽。对中子的屏蔽和防护是产生与使用中子必须解决的问题。由于中子的强穿透性，特别对高能中子，屏蔽更加困难，一般是先用轻质材料将其慢化成为热中子，然后选择吸收热中子的材料（如硼和镉）来屏蔽它。

6. 中子与机体组织的作用

机体组织的元素组成为：氢 76.2%，氧 10.1%，碳 11.1%，氮 2.6%（系重量百分比）。机体组织中氢原子核最多，中子与氢核碰撞时损失的能量最大，而且快中子与氢核作用的弹性散射截面也最大，因此快中子与机体组织的作用主要是和氢的作用，其能量的 80% ～ 95% 都交给反冲氢核。经过一系列的弹性散射后，中子的动能被降低而变为慢中子。慢中子与机体组织的作用则主要表现为氢核的中子俘获和氮核的（n，p）反应。由此可见，中子对生命体的伤害是非常大的。

2.5.2　α粒子与物质的相互作用

前文已介绍过，α粒子是带两个正电荷的氦核，故很容易对其进行分析，对它的分析还适用于质子、氘核和氚核等带电粒子。早在居里夫妇发现铀和钍有放射性时，他们指出这是一种原子的特性，不论将铀放在什么地方，也不论铀是溶液、粉末还是化合物，都会产生射线。1899年，卢瑟福系统地研究了铀放出的射线，发现铀不止放出一种射线，其中有一种射线在空气中的射程很短，称其为α射线；还有一种射线的穿透力很强，在空气中射程长，称为β射线。1900年，法国科学家维拉德（Paul Ulrich Villard，1860～1934）又发现铀中有比β射线穿透力更强的射线，后来卢瑟福建议称它为γ射线。这些射线可在测量放射性元素的衰变中得到，很快就弄清α射线、β射线在磁场中发生偏转，是带电的；γ射线在磁场中不发生偏转，是不带电的。又根据它们在磁场中偏转方向的不同，验证了β射线就是阴极射线管发射的负电荷——电子，β射线就是从衰变的原子中释放出来的电子流；了解到α射线就是原子中释放出来的正电荷，它比电子重。1907年，卢瑟福证实α射线是由不带电子的氦原子组成的，即氦核，所以α射线又称为α粒子。卢瑟福在曼彻斯特大学实验室进行的多次α射线的物理实验，在物理学史上因技术高超、设计完美而著名。这些实验在建立原子结构模型、首次实现核反应和建立放射性元素的蜕变理论方面做出了贡献。

实际应用中，α辐射体的能谱是一个线谱，线谱是由以最高能量为主的一组能量组成。这组能量不同的α粒子，是由于α辐射体的原子核衰变到生成原子核的不同能级上。衰变到生成核的基态时，发射的α粒子能量最高；而衰变到生成核的各个激发态时，发射的α粒子的能量就较低。在以下的讨论中，我们假定α源仅发射一种确定能量的α粒子，其能量低于10兆电子伏特。

1. 带电粒子与物质的相互作用

本节讨论α粒子和电子等（统称带电粒子）与物质的相互作用。带电粒子穿过物质的过程，是它们与介质的原子和分子产生一系列碰撞的过程。碰撞是分析穿透过程的基本要素。每次碰撞，都会导致快速粒子将动能传递给靶原子和分子。能量守恒定律要求碰撞前后的总能量相等，而快速粒子将动能传递给靶原子和分子时，可能保持其动能的形式，也可能转变为其他形式的能量。第一种碰撞是弹性碰撞，而第二种碰撞是非弹性碰撞。现在我们分别研究带电粒子与原子核和核外电子发生的弹性碰撞与非弹性碰撞。

1）带电粒子与靶核的弹性碰撞

一般情况下，带电粒子要比靶核小得多，所以在一次碰撞中，能转移给靶核的能量（即能量损失）很小（根据动力学关系，碰撞体之间质量相差越大，碰撞后交换的能量就越小），带电粒子同较重靶核的碰撞效应主要是偏转。因此，对 α 粒子和 β 粒子而言，可以认为在与原子核的弹性碰撞中仅导致入射粒子的偏转，而无能量损失。

2）带电粒子与电子云的非弹性碰撞

带电粒子在与核外电子云发生非弹性碰撞中，粒子将自己的一部分能量传递给电子，能量如足够多，会导致电子克服原子核的束缚变成自由电子；或使束缚电子发生跃迁，从一个壳层跳到另一个与原子核结合得较松的壳层上。前者称为原子的电离，后者称为原子的激发。

这种非弹性碰撞也会引起入射粒子的偏转，入射电子因与束缚电子的碰撞会发生较大的偏转，入射 α 粒子则不会发生很大的偏转。

电离与激发是带电粒子与电子云的非弹性碰撞产生的主要效应。

3）带电粒子与靶核的非弹性碰撞

带电粒子与靶核的非弹性碰撞主要有两种形式。一种是轫致辐射，另一种是靶核的库仑激发。靶核库仑激发的截面是毫巴量级，大约是原子电离截面的 10^{-9}。所以带电粒子通过物质时，就能量损失而言，库仑激发可以忽略。

轫致辐射，源于德文 bremsstrahlung，等于 brems（刹车）+strahlung（射线），是带电粒子在靶核附近被减速、偏转时发出的电磁辐射，故称为轫致辐射（轫，原意为楔形木块，垫于马车轮下制止其滚动，转意为停止）。轫致辐射的强度正比于靶原子的质量，反比于粒子的质量。电子的轫致辐射要比 α 粒子大得多，电子穿透重物质时引起的轫致辐射是不可忽略的。

2. 粒子径迹的性质

α 粒子的质量较大，与电子碰撞后不易改变运动方向，在运动过程中只损失很小的一部分能量。α粒子与靶核碰撞，则会产生较大偏转，但只是在距离靶核较近时发生的一种小概率事件。因此，α粒子的轨迹基本是一条直线，仅在末端，当α粒子已经减速到低于最外层电子的运动速度时（此时α粒子的能量是100千电子伏特），电子才会逃开α粒子的碰撞，此时α粒子会俘获电子变成一个中性原子直接与靶原子碰撞，会发生径迹的散乱。

α粒子的质量不仅影响它的径迹形状，还影响其径迹长度。在α粒子与电子的一次对头碰撞（α粒子打到电子中心）中，一个能量为6兆电子伏特的α粒子仅损失1/1000的能量。而α粒子与电子发生对头碰撞的可能性很小，在其与电子发生的大量非弹性碰撞中，损失的能量更要小得多。与核发生的弹性碰撞中，α粒子仅会发生偏转，而损失的能量基本可以忽略。所以，α粒子的能量是一点一点损失的，故其路径长度的统计性很好，涨落仅为1%。

α粒子也不会在行进途中被吸收。只有当α粒子穿透靶核时才会被吸收，但带正电α粒子与同样带正电的靶核的排斥强烈，它穿透靶核的可能性极小，可以不考虑。

α粒子的径迹可以归纳为下面几点：在大多数情况下，α粒子的径迹是一条直线；仅在径迹末端才变得弯曲；单能α源的径迹长度近似相等；α粒子的径迹长度的变化在1%左右；沿径迹方向α粒子没有明显的被吸收现象。

3. α粒子的阻止本领

阻止本领是描述带电粒子能量损失的物理量，它的定义是：吸收体的阻止本领是在带电粒子在吸收体中单位路径长度上的能量损失。带电粒子通过物质时，与所遇到的大量原子、分子发生电磁相互作用，但在带电粒子路径上只有少量的原子和分子会改变其能态，数量为靶物质原子数的百万分之一左右。如果是大量带电粒子穿过物质，那么每单位路径长度上的能量损失是有涨落的，取其平均值就是带电粒子在物质中的阻止本领。阻止本领与带电粒子的电荷平方成正比，与其速度平方成反比，与其质量无关，与物质的原子序数成正比。此外，还有些因素也要考虑：若带电粒子的速度与光速可相比拟时，要进行相对论修正；还要考虑物质原子的电离和激发能。

对于能量在10兆电子伏特以下的α粒子，其在物质中的能量损失主要是原子的电离和激发，还存在以下过程。

（1）轫致辐射：由于轫致辐射是带电粒子与靶原子核产生的非弹性碰撞，表现为原子核的核外电场对带电粒子的减速、偏转作用，只有带电粒子的质量很轻时，轫致辐射的强度才是可观的，轫致辐射的强度与带电粒子的质量平方成反比。对于电子，轫致辐射是不可忽略的能量损失，高能电子轫致辐射而致的能量损失会超过原子电离和激发引起的能量损失；对于α粒子，轫致辐射引起的能量损失可以忽略。

（2）α粒子与原子核碰撞过程中的能量损失也可忽略。这是弹性碰撞过程，一般只引起带电粒子运动方向的改变，而无可观的能量损失。比如，当α粒子能量小于0.5兆电子伏特时，同原子核碰撞的能量损失只是电离和激发所造成的能量损失的1/500。

（3）能量为1～2兆电子伏特或以下的α粒子，在物质中穿透时经常俘获和抛出电子，因而它的有效电荷往往小于2，该过程的理论处理颇为复杂，迄今尚未获得与实验相符合的满意结果。因而在这一能区常用实验来测定阻止本领。

（4）对能量高于2兆电子伏特的α粒子，阻止本领仅决定于同电子的非弹性碰撞的能量损失，即上述讨论的阻止本领适用。

4. α粒子的射程

射程与阻止本领是带电粒子在物质中穿透的重要物理量。

在物质中穿透的带电粒子，由于带电粒子与物质的原子和分子的碰撞是一个随机行为，每次碰撞损失的能量都是不同的，碰撞后带电粒子的方向也要发生改变，所以应该说，每个带电粒子在物质中的径迹和路程长度是不同的，因此，一定能量的带电粒子的射程围绕着平均射程呈现一个分布。对于电子而言，射程的分布比较宽，而α粒子则呈现很窄的分布，即射程的统计性好。

α粒子在空气中的射程和能量的关系：

α粒子在空气中的射程，可用经验公式 R_0（厘米）$=0.325E_\alpha^{3/2}$（E_α 的单位是兆电子伏特）表示。

α粒子在其他物质中的射程 R，可用经验公式 $R=3.2\times10^{-4}A^{1/2}R_0/\rho$ 表示，式中，射程单位是厘米，A 是吸收物质的原子质量数，ρ 是吸收物质

的密度（g/cm³）。

5.α粒子的比电离

在吸收物质单位长度的路径上带电粒子产生的离子对总数定义为比电离。比电离是衡量带电粒子在物质中能量损失的重要参数。它取决于带电粒子在单位路径长度上的能量损失，以及每产生一对离子对所消耗的能量。

图2-4是α粒子在空气中的比电离，横坐标是其在空气中离射程末端的距离，以厘米为单位，最大比电离为每毫米空气6600个离子对，出现在径迹末。在离射程末端4毫米处，其对应的α粒子能量约为700千电子伏特。随后α粒子被减速到能够俘获电子，它的有效电荷为1.5。从比电离最大值对应的能量向低能方向移动，比电离骤然下降到零（见插图）。这是由于α粒子有效电荷减小，速度甚至降低到低于轨道电子的速度，这时，α粒子不再引起电离，仅与整个原子发生弹性碰撞而损失能量。

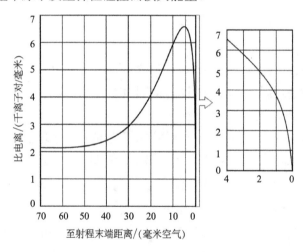

图2-4　α粒子比电离曲线

6.α粒子束的加宽现象

一个带电粒子在穿透物质的过程中由于碰撞而被偏转和损失能量，最终会阻留在物质中，形成一定的径迹和路程长度。带电粒子在物质中会发生多次碰撞，每次碰撞后带电粒子都会改变一点方向，积累下来一束经过准直的带电粒子，其穿透物质后就会散开，这就是粒子束的加宽现象。

α粒子投影径迹比真实径迹短不到1%，这表明，α粒子只是稍微有所偏转，因而射束加宽现象较为轻微，对一片厚度等于α粒子全射程1/3的金属箔，α粒子束穿过它时的最可几偏转角小于3°，而且在10000个α粒子中只有一个粒子的偏转角大于90°。

α粒子与物质相互作用的讨论具有代表性，对于质子和其他重粒子可作类似推论。

2.5.3　电子与物质的相互作用

与α粒子、质子不同，电子是轻带电粒子，因质量小而速度大，其穿透物质要比α粒子复杂得多。

讨论能量为几兆电子伏特的电子与物质的相互作用，需利用狭义相对论而非牛顿力学。与靶原子的质量相比，电子的质量要小得多，所以电子在近距离弹性碰撞的过程中会发生很大偏转。偏转概率大体上与电子能量的平方成反比，能量为几兆电子伏特的电子穿透物质时，近似沿一条直线前进。但是，电子能量变低，其偏转角度增大，偏转概率正比于吸收物质原子序数的平方（Z^2），此时在吸收物质中电子的径迹是一条弯曲的折线。轻质材料中的电子径迹要比重质材料中直一些。有些电子在吸收体中最终会发生180°的偏转，从而沿着与入射束相反的方向跑出吸收体，这种现象称为背散射。吸收体的原子序数Z越大，背散射越强。

1. 电子的电离能损

电子能量较低时，电离损失是主要的；电子能量增高，韧致辐射损失逐渐变得重要。由于多次散射，电子在物质中的运动径迹曲折。对于高能电子，相对论效应不能忽略。电子的电离损失能与入射粒子速度的平方成反比，在能量相同的情况下，电子速度比α粒子速度大很多，因而电离损失率比α粒子小得多。与此相反，电子在物质中的穿透本领却要比相同能量的α粒子大得多。

2. 韧致辐射

由于受到靶原子核电场的作用，入射电子的速度和方向会突然发生变化，这时电子能量的一部分会转化为连续能量的电磁辐射，即轫致辐射（图2-5）。

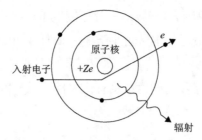

图 2-5　电子产生轫致辐射的作用过程

轫致辐射过程至少有如下两点引起我们的兴趣：

第一，粒子与吸收体作用，会发射穿透本领比粒子本身更大的电磁辐射。用屏蔽材料屏蔽电子源，这些材料中就会产生电磁辐射。这就产生了一个问题：本来采用屏蔽材料是想阻止电子，若选用材料不当，效果就适得其反——不仅不能有效地屏蔽电子，反而会引起穿透性更强的电磁辐射。因此在考虑这类屏蔽问题时，通常不希望有更多的轫致辐射产生。

第二，轫致辐射是电子在物质中能量损失的一种方式。在总的能量损失中，除了电离、激发而产生的能量损失外，还包含了轫致辐射产生的能量损失。而质子、α粒子等重粒子的轫致辐射则可以忽略。

下面将对轫致辐射进行详细讨论。

1）轫致辐射的产生

研究轫致辐射时，常要区分吸收体是薄靶还是厚靶。当电子通过薄靶时，只损失一部分能量，也就是该电子将穿透薄靶；而按照厚靶的定义，具有一定初始能量的所有电子均将为厚靶所阻止。对于厚靶，总的辐射能量损失与吸收体原子序数 Z 成正比，而不是像薄靶那样与 Z^2 成正比。

轫致辐射除了与吸收物质的原子序数有关外，还与入射电子的能量有关，电子能量越高，轫致辐射在总能量损失中占的份额就越大，有时甚至会超过电离和激发成为电子在物质中主要的能量损失。

2）轫致辐射的剂量以及防护

先介绍电子在吸收体中的剂量（即单位质量吸收体中沉积的能量）深度分布（图2-6），剂量与吸收体深度关系曲线在吸收体中有一个最大值，此后再减小到零。电子能量越低，吸收体介质的原子序数越高，剂量最大值越接近表面。

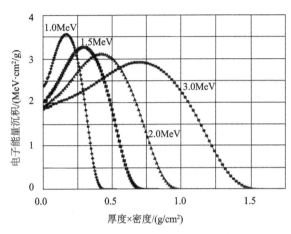

图 2-6 不同能量的电子束在水中的剂量深度分布

但是，电子剂量的深度分布并不很快趋于 0，而是有条长长的尾巴，这就是轫致辐射对剂量的贡献。这是因为轫致辐射比电子有更大的穿透本领，在吸收体中不能很快地被吸收，于是就叠加在电子电离激发产生的剂量上，形成一条尾巴。不同吸收体的尾巴的高度和长度不同，铜明显高于铝，铅则高于铜。这说明轫致辐射对剂量的贡献是随着吸收体的 Z 增大。因此，为了减少轫致辐射，需用低 Z 材料做电子屏蔽。

对于轫致辐射的屏蔽，我们还要注意，如果电子的能量相当高，轫致辐射导致的能量损失的比例就越大。因此，对于高能电子的屏蔽，主要要考虑轫致辐射的贡献。那么，轫致辐射如何屏蔽呢？

对轫致辐射能损并伴随着电离能损的情况，最好采用双重屏蔽。先用一层轻材料做吸收体，再用一层重材料做二次屏蔽。轻材料的原子序数低，产生的轫致辐射也少，再加上一层重材料，能有效地吸收电离和轫致辐射能损。注意二层材料的排序，要让辐射先经过轻材料，再经过重材料；如果排序反了，屏蔽效果就会变差。

最后，我们要指出，尽管 α、β 均为带电粒子，但是为什么这里只强调电子的轫致辐射，而不考虑 α 以及其他重带电粒子的轫致辐射呢？当然，质

子、α 粒子、电子都有韧致辐射，但是电子的质量比重带电粒子要小得多，在相同能量的情况下，速度要高得多。能量为几兆电子伏特的电子有可观的韧致辐射，而相同能量的质子和 α 粒子还属于低能状态，韧致辐射几乎可以忽略。

3）韧致辐射能谱

韧致辐射能谱是连续谱，最大能量可等于入射电子的能量。

在韧致辐射能谱的连续分布上还叠加有一个峰，这是一个线谱，是吸收体原子的外层电子跳到其他层时所产生的 X 射线峰。

3. 电子通过物质的平均能量损失

能量为几兆电子伏特的电子通过物质时的平均能量损失由两部分组成，即电离能损和韧致辐射能损。低能电子的径迹曲折，穿透深度短于径迹，随着电子能量的增高，径迹逐渐变直，而电离能损则逐渐降低。最后，电子速度接近光速，平均能损又开始缓慢上升，在 1.5 兆电子伏特时呈现最低电离区。

兆电子伏特电的速度接近光速，电子附近的物质原子会被极化而减小了电子对较远原子的影响，导致平均能损的下降。

在平均能量损失公式中，韧致辐射的系数与电离辐射相比要小得多。但是，韧致辐射与电子能量成正比，电子能量增大，电离能损下降而韧致辐射能损上升，最后会使两者相等。电子能量再增大，则韧致辐射项会超过电离项。例如，对铅，电子能量超过 7 兆电子伏特，其韧致辐射能量损失将超过电离能量损失；对铝，则电子能量超过 47 兆电子伏特，其韧致辐射才会超过电离能量损失。

4. 电子的背散射

当电子束入射到厚度小于其射程的吸收体时，部分电子束将穿透吸收体，而部分将以大于 90° 的角度返回，还有一部分则被阻止在吸收体中。这些现象分别称为电子束的透射、背散射和吸收。当然，其他射线也有背散射，但由于电子轻，易产生背散射。下面将讨论电子在吸收体中的背散射与什么参数有关。

吸收体的厚度、组成和入射方向都会影响背散射的大小。

随着吸收体的加厚，背散射份额在开始时增加很快，接着变缓，最后不再增加。但是，吸收层厚度的增加，使电子穿越吸收体和接着背散射所必须消耗的能量变大，其效果是使背散射电子的低能成分增加，而对背散射电子的最大值的影响甚少。

吸收体的原子序数对背散射的影响很大。随着吸收体材料的变轻，背散射电子的数目减少，背散射电子的能量向低能方向移动；而吸收体材料越重，电子的背散射越易发生在接近吸收体表面层的地方，从而产生背散射所花费的能量也越少，而发生背散射的电子数目也越多。

电子束的能量与背散射的关系似乎不大，在几个兆电子伏特范围内，随着能量的增加，背散射系数略有增加。

5. 电子的比电离

电子在空气中的比电离约为 α 粒子的 1/10。能量为 150 千电子伏特的电子在空气中的比电离最大，约 770 离子对 / 毫米；能量为 1.5 兆电子伏特的电子在空气中的比电离最小，约 5 离子对 / 毫米。

6. 电子束的射程

电子束的射程中常见的是"连续慢化近似射程"（CSAD），此值对应的物理量是平均能量损失，也就是将平均能量损失的倒数对能量求积分，得到的是 CSAD 射程。

实验测量的是真实射程，用核乳胶或者云雾室测得的大量单个电子的径迹长度求平均，得到的就是电子束的真实射程。

其余还有投影射程和外推射程等。

2.5.4　γ射线与物质的相互作用

γ射线、韧致辐射、湮没辐射和特征 X 射线等，虽然它们的起源不一、能量大小不等，但都属于电磁辐射。光子是电磁场粒子，因而只能与带电粒子或磁性粒子发生相互作用。磁性粒子可用经典电动力学来描述，就好像在这种粒子内部存在一个产生磁场的等效电流。如果我们撇开只有在高能时才能产生的那些带电粒子，那么电子与原子核就是可以与光子发生相互作用的主要粒子。

γ射线与物质的相互作用和带电粒子与物质的相互作用有着显著的不同。γ光子不带电，它不像带电粒子那样直接与靶物质的原子、电子发生库仑碰撞而使之电离或者激发，或者与靶原子核发生碰撞导致弹性碰撞能量损失或辐射损失。带电粒子主要是通过连续地与物质原子的核外电子的许多次弹性碰撞和非弹性碰撞逐渐损失能量的，每一次碰撞所转移的能量很小。人们通常把带电粒子与物质的相互作用称为多次小相互作用。γ光子与物质原子相互作用时，发生一次相互作用就导致损失其大部分或者全部能量，光子或完全消失，或发生大角度散射，散射光子的能量要比入射光子的能量小得多。所以，人们也将这种光子与物质的相互作用称为少次大相互作用。

γ射线与物质的相互作用，可有许多方式。当γ射线的能量在30兆电子伏特以下时，主要发生三种相互作用。

光电效应　γ光子与靶物质原子相互作用，γ光子的全部能量转移给原子中的束缚电子，使这些电子从原子中发射出来，γ光子本身消失。

康普顿效应　入射γ光子与核外电子发生非弹性碰撞，光子的一部分能量转移给电子，使它反冲出来，而光子的运动方向和能量都发生变化，成为散射光子。

电子对效应　γ光子与靶物质原子的原子核库仑场作用转化为正负电子对。

下面详细叙述这三种相互作用过程。

1. 光电效应

γ光子与靶物质原子的束缚电子作用时，光子把全部能量转移给某个束缚电子，使之脱离原子核的束缚，变成自由电子，而光子本身则消失，这种过程称为光电效应。光电效应中发射的电子称为光电子。这个过程如图2-7所示。

原子吸收了光子的全部能量，其中一部分用于电子脱离原子束缚所需要的电离能，另一部分就作为光电子的动能。所以，释放出来的光电子的能量就是入射光子能量和束缚电子所处的电子壳层的结合能之差。因此，要发生光电效应，γ光子的能量必须大于电子的结合能，光电子可以从原子的各个电子壳层中发射出来。

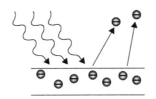

图 2-7 光电效应示意图

　　光电效应过程必须满足动量和能量守恒。能量守恒没有问题，可是体系动量要保持守恒，除了入射光子和电子的动量外，还需要一个第三者参加，这就是原子核（严格讲应该是发射光电子以后的整个原子）。它带走了反冲能量，虽然非常小，但是由于它的参加，能量和动量才能守恒。需要说明的是，电子束缚得越是紧密，发生光电效应的概率就越大。所以光子打在原子内层上出现光电效应的概率最大。

　　发生光电子效应时，从原子核内壳层打出一个电子，在此壳层出现了一个空穴，并使原子处于激发态。这种激发态是不稳定的，退激过程有两种。一种是外层电子向内层跃迁，来填补这个空穴，使原子恢复到较低的能量态。两个壳层之间的能量差就是跃迁时释放出来的能量，这个能量将以特征（单一能量）X 射线形式释放出来；另一种作用过程，是原子的激发能交给外层电子，使它从原子中发射出来，该电子称为俄歇电子，以发现者命名，他是法国物理学家皮埃尔·维克托·俄歇（Pierre Victor Auger, 1899 ～ 1993）。因此，发生光电效应时，还伴随着发射特征 X 射线和俄歇电子。

　　2. 康普顿效应

　　康普顿效应由美国科学家康普顿（Arthur Holly Compton, 1892 ～ 1962，1927 年获诺贝尔物理学奖）发现。这是入射 γ 光子与原子的外层电子之间发生的非弹性碰撞过程（图 2-8）：入射光子的一部分能量转移给电子，使它脱离原子的束缚称为反冲电子，而光子的运动方向和能量发生变化。对此效应的发现与研究，康普顿的研究生吴有训（我国物理学家）贡献甚大，有些教材也将该效应称为 Compton–Woo 效应。

　　康普顿效应与光电效应不同。光电效应中，光子本身消失，能量完全转移给电子；康普顿效应中，光子只损失一部分能量。光电效应发生在束缚最紧的芯电子上；康普顿效应总是发生在束缚最松散的外层电子上。光子与束缚电子间的康普顿散射，严格讲是一种非弹性碰撞过程。但外层电子的结合能比较小，仅几电子伏特，与入射γ光子能量比较，完全可以忽略，所以可以把外层电子称为"自由电子"。这样，康普顿效应就可认为是γ光子与处于静止状态的自由电子的弹性碰撞。入射光子的动能和动量就由反冲电子和散射光子两者之间进行分配。

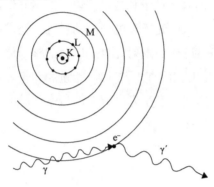

图 2-8　康普顿散射

3. 电子对效应

γ光子能量为1.02兆电子伏特或以上，就有可能产生电子对效应。电子对效应指的是一个负电子和一个正电子同时出现，而γ光子能量相应减小1.02兆电子伏特。

电子对效应的机理是：当γ光子经过原子核旁时，在原子核的库仑场作用下，γ光子转化为一个正电子和一个负电子，这种过程称为电子对效应。如图 2-9 所示。

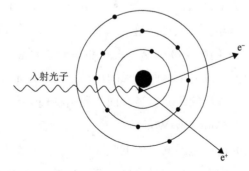

图 2-9　电子对效应

根据能量守恒定律，当入射光子能量 $hv > 1.02$ 兆电子伏特时，才能发生电子对效应。光子将一部分能量转变成正负电子对的静止能量（2倍的0.511兆电子伏特，即1.02兆电子伏特），其余作为它们的动能。

与光电效应类似，电子对效应除涉及入射光子和电子对外，也需有原子核参加，才能满足能量和动量守恒定律。

电子对效应产生的快速正电子和电子，在吸收物质中通过电离损失和辐射损失消耗能量。正电子在吸收体中很快被慢化，一旦碰到电子还将发生湮没（正负电子的湮没可以看成γ射线产生电子对效应的逆过程），湮没光子在物质中再发生相互作用。

这三种效应对于吸收物质的原子序数和入射光子能量的关系如图2-10所示：

对于低能γ射线和原子序数高的吸收物质，光电效应占优势。

对于中能γ射线和原子序数较低的吸收物质，康普顿效应占优势。

对于高能γ射线和原子序数高的吸收物质，电子对效应占优势。

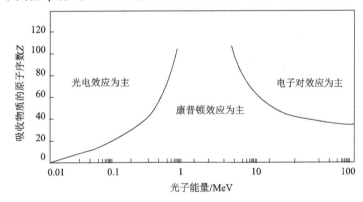

图 2-10　三种效应与入射光子能量和物质原子序数的关系

γ射线与物质的相互作用产生的次级粒子，如光电子、康普顿散射电子、正负电子对、俄歇电子，以及康普顿散射光子、湮没光子和特征 X 射线等，可以继续在物质中发生相互作用，直到能量全部消耗完为止。这些级联过程的发生与γ射线的能量、靶物质的特性和几何尺寸等因素有关。

结语

　　本章对核这一微观的物质层次的基本概念和理论作了初步的介绍，其中包括对物质的认识和对粒子的认识，对放射性的认识以及对辐射与物质的相互作用的认识等，并引入相关的物理量、模型和定律等，使我们对物质的结构、原子核、七种基本粒子、核模型、自然界存在的四种基本作用力、三种（α、β、γ）放射性衰变、带电粒子和中子及 γ 核辐射通过物质产生的相互作用等有了进一步的了解，这些内容正是学习核科学的基础。掌握了本章内容才能更好地学习后续内容。同样，在学习以下各章的内容时，还可以再翻阅本章内容，以加深理解。

第三章

核能的利用

　　核能作为一种新型能源，与传统能源化石燃料（如煤、石油、天然气）、水力、风力、太阳能、地热、潮汐能一样，也是大自然对人类的恩赐。自从发现原子核裂变和聚变能放出巨大能量以来，整个能源结构发生了很大的变化。除了核能被首次应用在军事上制造了威力巨大的核武器外，核能发电成为核能利用的主流，特别是在某些缺乏传统化石能源的国家，如立陶宛、法国，核电站提供的电力超过了传统能源，高达78%。还有各种核动力装置，大到核动力航空母舰与潜艇，小到航天器上的核电池等，都利用核能的高效、清洁的优点，使人类在探索自然界奥秘的路上可以走得更远。

　　核能在给人类带来巨大利益的同时，也能带来同样巨大的伤害。在核能释放的同时，伴随着很强的辐射和大量放射性同位素的产生，所以在核能利用上要弄懂原理，谨慎防护，使核能更好地为人类服务。

3.1　核能的释放模式

3.1.1　原子核的衰变

　　我们已经知道，所有的放射性核素都会放出粒子或射线而转变为另一种核，原子核的这种自发演变过程称为原子核的衰变。这个过程有能量释放，温泉和一部分地热就是这种能量释放的结果。人们还可利用某些放射性核素恰当的性质（如放射性强度、射线能量和半衰期），将其制备成为放射源。例如，^{238}Pu 放射源可用作卫星电池，^{238}Pu 核经 α 衰变，成为 ^{234}U 核激发态，其发出 5.6 兆电子伏特的 γ 射线而回到基态。^{238}Pu 半衰期是 90 年，可以说，它能提供的能量虽有限，但能在卫星的有效使用期限内稳定地提供能量。常用的放射源还有 ^{60}Co 与 ^{137}Cs，^{60}Co 核衰变发射能量为 1.17 兆电子伏特和 1.33 兆电子伏特的 γ 射线，^{137}Cs 核衰变发射能量为 0.66 兆电子伏特的 γ 射线，^{137}Cs 半衰期为 30 年。^{60}Co 的半衰期为 5.271 年，钴源是辐射加工的主力军，钴源的源强（活性）每年损失约 12%，为了保证其辐射加工能力的稳定性，必须定期添加源棒，为此目的并建设新钴源，全球每年生产源棒数千万居里。在实验室里，^{60}Co 与 ^{137}Cs 常作为标准源对放射性仪表进行刻度。

3.1.2　原子核的裂变

原子核自发衰变能提供一些能量，但提供的能量很有限。若要为人们大规模提供持久的动力，就要靠核裂变。在第 1 章中已经介绍过发现核裂变的历史，现在要进一步叙述核裂变的原理。用较低能量的中子轰击 ^{233}U、^{235}U、^{239}Pu 等重核，它们会裂变。裂变的示意图如图 1-3 所示。

当一个中子入射重核时，中子有一定概率被重核吸收，也有一定概率被散射。重核吸收中子后形成复合核，复合核比重核结合得更紧密，这样复合核内便有多余能量，使复合核处于激发态。处于激发态的核是不稳定的，它总有通过发射 γ 射线退激发回到基态的倾向，这是第一种可能；另一种可能是处于激发态的复合核并不退激发，而是用这些多余能量使复合核发生形变，由原来的球形拉长变成椭球形，再变成哑铃形，若能量足够，哑铃就越拉越长，最后分裂成两块。同时，一个重核裂成两个中等核后，仍有中子多余（这里的多余指的是核内中子数与质子数之差值大于 0），就会有两三个中子放出；再有能量多余，就以 γ 射线形式释放出来。这就是一次核裂变的过程。

裂变的产物是两个中等核，一个大一些，另一个小一些，质量数（以 ^{235}U 裂变为例）为 75 ～ 160。裂变生成核一般也不稳定，因为它们也有多余的中子，所以会发生一系列 β 衰变以减少核内的中子数，最后达到稳定，所以裂变过程伴随着强放射性。

从结合得较松的重核裂变为结合得较紧密的两个中等大小的核，有结合能放出。平均每个 ^{235}U 核裂变可放出 200 兆电子伏特能量（注意，一个铀核裂变放出的能量比一次核衰变放出的能量大得多），这些能量分配给两个中等核、自由中子和 γ 射线。如果通过一些媒介（如水）吸收这些能量，并将这些能量转换成热量，就可推动汽轮机发电，这就是核能发电的原理。如果不加约束地让这些能量快速释放出来，就是原子弹的原理。

从核裂变发现到原子弹试制成功，要克服许多技术困难。单次 ^{235}U 核的裂变能虽有 200 兆电子伏特，但需要提供一定的能量密度和持续时间的裂变才能奏效。即没有大量 ^{235}U 核同时发生裂变，并让它连续不断地裂变下去，这种能量也没有实用价值。好在 ^{235}U 裂变产生的两三个自由中子，可作为炮弹去轰击其余 ^{235}U 核，使得裂变过程如雪崩似地展开，产生裂变的链式反应，即可在短时间内获得爆炸需要的能量。但是，要使链式反应能维持下去，必须有一定体积的高纯度的可裂变核燃料，使中子能在其中发生碰撞而不至于逃逸，这样制备高纯度的铀又成了一个技术难题，因此又发展了各种浓缩铀的技术。另外，原子弹的设计、储存、运输、点火、防护等技术问题也必须一一解决。

3.1.3 原子核的聚变

第 2 章的原子核平均结合能曲线（图 2-1）表明，中等原子核（在铁附近）结合得特别紧密，因此当重核转变为中等核或者轻核转变为较重的核时，都会有能量放出。前者是原子核的裂变，后者是原子核的聚变。结合能曲线为核能释放提供了理论依据。

原子核的聚变是指由轻原子核融合成质量较大的核并放出能量的过程。典型的聚变反应如图 3-1 所示，氘核与氚核（氢的两个同位素，前者有一个中子，后者有两个中子）反应，产生 α 粒子和中子，并放出 17.6 兆电子伏特能量，平均每个核子（共 5 个）放出 3.5 兆电子伏特的能量，而 ^{235}U 裂变时，每个核子放出的能量不足 1 兆电子伏特。

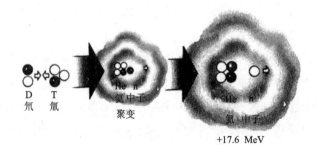

图 3-1 聚变反应示意图

聚变反应虽能释放很大能量，但是要将一定强度的聚变反应维持一定时间，更是一件难事。首先，聚变反应须在高温、高密度情况下发生，温度高达 1000 万摄氏度以上，此时原子已完全电离，变成等离子态；其次，等离子体的密度与维持时间的乘积要达到一定要求，也就是要将等离子体约束在一定的空间里，这样的容器不好找，现有材料均不能满足，否则，高温、高密度的条件马上会消失，聚变反应也就停止了。

将聚变材料约束在一定范围内的方法有磁约束、惯性约束和引力约束，在 3.4 节将讨论可控核聚变问题。

3.2 核 武 器

核武器是基于核科学原理制造的武器，是核技术首次成功的应用。

3.2.1 原子弹和氢弹

人们常说美国在日本本土投下了两颗原子弹。其实，"原子弹"这个称呼并不恰当。原子弹的破坏力来源于核裂变释放的能量，核裂变是一种核反应，而不是原子的反应，原子的反应是化学反应，反应中原子核没有任何变化，释放的能量远小于核能。所以，原子弹、原子能的称呼不规范，用核武器和核能来称呼它们更为恰当。

继美国后，许多国家都在研制核武器。美国最初制造的核武器是基于核裂变原理的，被称为原子弹的铀弹和钚弹，其爆炸威力为几万到几百万吨 TNT 当量。1952 年又制成氢弹，氢弹是基于核聚变原理的核武器，比原子弹的威力大 10 倍。原子弹和氢弹都是以爆炸后的光波、冲击波、辐射和放射性污染来杀伤敌人、破坏环境。1977 年，中子弹又问世了。中子弹是一种减小冲击波而增强辐射的超小型氢弹，其冲击波和光辐射的破坏降低到 20%，而辐射破坏作用上升到 80%，一般是用来杀伤敌人。对于在建筑物或者坦克里的敌人，中子的辐射也照样具有杀伤力，但是自由中子的

寿命很短，对房屋建筑和环境破坏小，适合于作为消灭敌人有生力量的战术武器使用。

与中子弹相似的用于增强原子弹某一方面功能的核武器还有冲击波弹、感生放射性弹、X 射线弹等。

3.2.2 贫铀弹

听说过"贫铀弹"这个名词的人，都会产生这样的疑问，贫铀弹是不是核武器？回答是否定的。贫铀弹里的铀含 ^{235}U 不到 3/1000，比天然铀矿石的 ^{235}U 含量还低（故称为贫铀，它可能就是浓缩铀工厂排出的废料）。用这样的铀作燃料，是不会产生核裂变链式反应的。贫铀弹是铀 - 钛合金构造，利用它的高强度、高韧性，可对敌人的坚固目标进行摧毁性打击。它能穿透装甲车的外壳、炸毁坚固的建筑物、摧毁机场跑道等，尤其可以用来打击航空母舰。美国曾在过去的局部战争中大量使用贫铀弹，如海湾战争、伊拉克战争等。贫铀弹虽然不是核武器，但是在贫铀弹的爆炸物中有大量的铀等放射性，可以污染环境，并对参战双方的健康带来不利影响。所以，贫铀弹被认为是肮脏的武器。

3.2.3 核武器的分代与发展

第一代：原子弹，是核裂变，由中子轰击 ^{235}U 或 ^{239}Pu，使其裂变产生能量。

第二代：氢弹，是核裂变 + 核聚变，由原子弹引爆氢弹，原子弹放出来的高能中子与氘化锂反应生成氚，氚和氘聚合产生能量；氢铀弹（三相弹）也属于第二代，是核裂变 + 核聚变 + 核裂变——它是在氢弹的外层又加一层贫铀，聚变产生的高能中子可使 ^{238}U 裂变。

第三代：中子弹（增强辐射弹），是一种特殊类型的小型氢弹，是核裂变 + 核聚变，用中子源轰击 ^{239}Pu 产生裂变，裂变产生的高能中子和高温促使氘氚混合物聚变。它的特点是：中子能量高、数量多、当量小。如果当量大，就与氢弹类似了，冲击波和辐射会剧增，不仅失去了只杀伤人员而不摧毁装备、建筑，不造成大面积污染的目的，也失去了小巧玲珑的特点。中子弹最适合杀灭坦克、碉堡、地下指挥部里的有生力量。

所以按威力排序：氢铀弹最大，其次是氢弹、原子弹、中子弹；按辐射排序：中子弹最强，其次是氢铀弹、氢弹、原子弹；按污染排序：氢铀弹最严重，其次是氢弹、原子弹、中子弹。

如果引爆地球上的所有核武器，真的可以把地球炸成碎块。自1945年7月16日美国在新墨西哥州的荒漠上爆炸第一颗原子弹以来，全世界进行了2000多次核试验，包括大气层核试验、地下核试验、水下核试验、高空核试验等，每次核试验都花费巨大财力物力，并造成全球性的放射性污染。因此，联合国在1996年9月通过的《全面禁止核试验条件》为这2000多次核试验的名单画上了一个句号，至少理论上如此。

实际上，为了保持或扩大核威慑力量，并为了发展实战化的核武器，需要核武器小型化，需要开发新型核武器，需要保证核武器库中的核武器安全性、可靠性和有效性。

与二战期间的核武器试验初期不同，现代的核武器专家们不是在爆炸现场，而是在实验室里进行核爆炸的试验模拟。有两类主要方法：一是利用超级计算机做核爆炸过程的三维模拟试验；二是采用脉冲反应堆、大型粒子加速器和强脉冲激光器在实验室里做次临界试验。第一类方法是利用大型计算机和粒子输运过程的计算方法（即Monte-Carlo法）的进步，将核爆炸的过程在计算机上进行模拟，避免了现场核试验的高昂成本和对环境的破坏；第二类方法是在大型设备上做核爆炸的次临界试验，次临界的含义就是并不真正产生临界，达到临界状态是很危险的，不容易控制，而次临界则比较安全，而且可取得有关核爆炸的物理参数和效应的数据，以减少现场试验的次数。

而真正需要进行现场核试验的时候，早已不在大气层中进行，往往在地下几十米，甚至几百米的深处进行次临界试验。美国自1997年以来，在地下290米的洞中已进行了20多次次临界试验。

3.3　核　电　站

3.3.1　什么是核电站

核电站是利用核裂变能的持续均匀释放来发电的装置，是核能和平利用的主要途径。除选择适当的核燃料、取得较大的裂变效率外，如何做到可控，则是技术的关键。

核电站的核反应在反应堆中进行，最简单的反应堆的堆芯是一个带栅格的燃料棒和控制棒组，浸在水中。燃料棒外有一层难融化的锆合金做的壳，里面装有烧结成陶瓷的块状 ^{235}U 裂变材料；控制棒则由硼或镉制成，硼和镉吸收中子的本领很大，控制棒能有效地控制链式反应的速度。控制棒往下插，浸在水里的部分多，吸收的中子就多，链式反应的速度就慢；如果要加快链式反应速度，就将控制棒提起一点，吸收的中子减少，反应速度就加快了。

反应堆里的水，其作用不仅是冷却，主要是降低裂变中子的运动速度。裂变产生的中子其平均能量在 1 兆电子伏特左右，与裂变核再次发生碰撞的可能性较小，使中子速度减慢，它逗留在裂变核旁边的时间就变长，裂变核就较容易捕获路过的中子，裂变反应就容易进行。怎么才能使中子慢化呢？如果让中子与铀核这样的重核相碰撞，要经过大约 2000 次的碰撞才能使它的速度变慢。要使中子很快慢化，最好选择与其质量相近的原子碰撞。按照牛顿力学，如果用一个乒乓球去打另一个静止的乒乓球，打中后，每个乒乓球各得一半能量。按照这个思路，用快中子打水的氢核和氧核，只要连续20 次就可使中子变慢。石墨（碳的同分异构体）是轻材料，也可作减速剂，1942 年世界上第一个反应堆就是用天然铀作燃料，用石墨作减速剂。我国第一个反应堆是 1958 年建成的，北京的中国原子能科学研究院用低浓度 ^{235}U作为核燃料，用重水作为减速剂。

反应堆产生的裂变能，是反应产物（两个中等核和两三个中子）的动能，这些能量转换成冷却剂的热量，再在蒸汽发生器产生水蒸气，去推动蒸汽轮机以带动发电机。

3.3.2 核电站使用的核燃料——裂变材料铀

我们平时说的核电站通常指的是热中子反应堆的核电站，它只能用裂变材料 ^{235}U 作为燃料。^{235}U 是天然存在三种铀同位素 ^{238}U、^{235}U 和 ^{234}U 中的一种。在天然铀中，^{235}U 占的比例约为 0.7%，^{238}U 则占 99.2%，可裂变的 ^{235}U 占的比例是很低的。

对使用 ^{235}U 作为裂变材料的核电站，由于 ^{235}U 在天然铀中含量不到 1%，用天然铀作核电站燃料，99% 以上的 ^{238}U 不能燃烧，对宝贵的铀资源是一种浪费。费米的世界上第一个反应堆是用天然铀做的，它只工作了几分钟。我国第一个反应堆是用浓度为 2% 的 ^{235}U 作为燃料的，这是一个实验堆，不能用来发电。发电量越大，核燃料的装填量也越大，浓度低的铀体积太大就不适用了。

现已探明地壳中铀的总储量为 1.3×10^{14} 吨，在海水中约有 45 亿吨，与自然界中锡的储量差不多。已发现的 200 多种铀矿物有工业价值的仅 20 余种。从铀的采矿开始，铀的前处理、铀同位素的浓缩、燃料棒的制造、反应堆的燃烧、乏燃料的储存、后处理、储存、地质处理，形成一整套核燃料循环。这是反应堆核能涉及的一系列工艺过程。现在核化学中有一门核燃料化学的学科，专门研究核燃料的循环，这里仅作简单介绍。

先进核燃料循环包括铀矿资源利用的最优化和产生核废物的最少化。未来快堆乏燃料的后处理流程，应该是实现 Pu、U 和锕系元素及长寿命裂变产物的闭合循环。它将极大地提高铀资源的利用率，并减少高放废物的体积和放射性毒性。

3.3.3 反应堆

裂变反应是在反应堆（reactor）中进行的。为什么把 reactor 译作"反应堆"？世界上第一个反应堆确实是用石墨堆成的，用石墨把核燃料围起来。石墨既起到中子减速剂（或称慢化剂）的作用，也是一个外壳。

核反应堆是能持续进行可控制链式反应的装置，里面装的核燃料是 ^{235}U 或 ^{239}Pu（钚）。反应堆可分为两类：一类是热中子反应堆，另一类是快中子反应堆。快中子反应堆以 ^{239}Pu 为燃料，快中子可以将浓缩铀中大量不可裂变的 ^{238}U 变成可裂变的 ^{239}Pu 后再进行裂变链式反应，快中子堆又称为快中子增殖堆。把中子慢化，变成热中子后再引起低浓度铀（^{235}U 的浓度低于 10%）或天然铀裂变链式反应的是热中子堆。把快中子变成热中子需要慢化剂，普通水、重水、石墨等都是不大吸收中子的材料，用它们来作慢化剂是很合适的。热中子反应堆就是把核燃料元件有规律地排放在慢化剂中组成堆芯，链式反应就在堆芯中进行。

目前核电站的主流堆型都是热中子反应堆，其以 ^{235}U 为燃料。在热中子反应堆中，因采用的慢化剂不同，把反应堆分为石墨堆、轻水堆和重水堆；又因裂变热量引出的方式不同，把反应堆分为沸水堆和压水堆。

3.3.4 核电站的构造

核电站通常由一回路系统和二回路系统组成。一回路系统相当于火电厂的锅炉，但比锅炉复杂得多。反应堆是一回路系统的核心，反应堆产生的热能由一回路的冷却剂带出，用来产生蒸汽。整个一回路系统安装在一个称为安全壳的密闭厂房内。二回路则是由蒸汽驱动汽轮发电机组进行发电的系统，与常规火电厂汽轮发电机基本相同。

图 3-2 和图 3-3 分别是沸水堆和压水堆的示意图。从图中看到：沸水堆是将水既作为反应堆堆芯的冷却剂，又作为携带热量引出到汽轮机去的介质；而压水堆是用高压的冷却水作为反应堆的冷却剂，有一个蒸汽发生器包在冷却水管道外，蒸汽发生器中的水吸收热量变成水蒸气送到汽轮机去发电，这两个功能的回路是分开的。这样设计的好处是安全性高：一是冷却水通过反应堆的堆芯，堆芯的高放射性会使冷却水也带有放射性，如果直接引出会污染汽轮机，而压水堆的冷却水是形成封闭的循环回路，不会污染另一个回路的装置；二是冷却水是加压的，在吸收堆芯热量升温至 350℃ 时也不会沸腾，

整个装置装在一个高强度低合金钢的压力壳中，能承受 140 个标准大气压^①的压力，所以安全性比没有钢壳的沸水堆高。

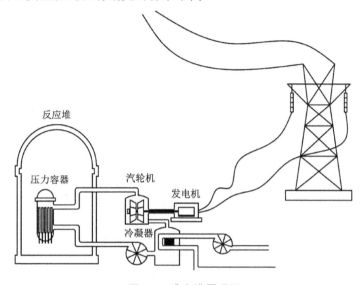

图 3-2　沸水堆原理图

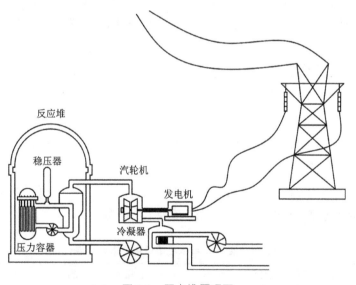

图 3-3　压水堆原理图

---

① 1 个标准大气压 $=1.01325×10^5$ 帕。

在 2011 年发生事故的日本福岛核电站中，采用的就是这种沸水堆。我国秦山核电站采用的是压水堆，其第一期工程是国产的，压水堆使用的冷却水是轻水（即一般水），秦山三期是加拿大进口的，用重水冷却。

世界上第一次核能发电是在 1951 年，在一个实验增殖堆里，所发的电力点亮了 4 个灯泡。它是第一代核电装置，其主要目的是通过实验示范形式来验证其核电在工程实施上的可行性，称为原型堆。早期的沸水堆也属于第一代装置。第二代核电站主要是实现商业化、标准化、系统化、批量化，以提高经济性，压水堆和目前世界上商用的核电站大部分是第二代核电装置，是已建核电装置的主流。第三代核电装置是在第二代核电站的基础上安全和设计技术得到进一步的提升，以西屋的 AP1000 为代表，中国的 CAP-1400 是在 AP1000 基础上自主研究的先进安全的第三代核电装置。待开发的是能提高核能经济性、安全性、废物处理和防止核扩散问题的第四代核能系统，有三种快中子反应堆型（如钠冷快堆、铅合金冷却快堆和气冷却快堆）和三种热中子反应堆（如超高温堆、超临界水冷堆和熔盐堆）。在石岛湾建成了高温气冷堆示范工程，由中国华能集团公司、清华大学和中核建设集团合资建设，是中国拥有自主知识产权的第一座高温气冷堆示范电站，也是世界上第一个具有第四代核能系统安全特性模块式高温气冷堆商用规模示范电站；计划投资 40 亿元建设一台 20 万千瓦高温气冷堆核电机组，预计 2017 年年底前投产发电。上海应用物理研究所正在加速开展对钍基熔盐堆（TMSR）的研究，旨在解决铀燃料的紧缺。中国拥有世界前三位钍资源，而且钍基熔盐堆技术能释放 3 ～ 4 倍于铀反应堆的热量。

世界上现有 441 座核电机组（表 3-1），遍及 30 多个国家。特别是传统能源稀少的国家，核电占的比重已经超过传统能源。

表 3-1　世界各国核电站机组个数一览表

美国	法国	日本	俄罗斯	韩国	英国	加拿大	德国	中国	其他
103	59	55	31	20	19	18	17	17	108

从世界各个国家发展核电的情况来看，美国的核电站数目最多，在 1998 年有 107 个核电站投入运行。但是其核电占所有能源的比例仅 22%，在世界核能发电占总发电量比例排名榜的第 18 名。核能发电早期在美国发展迅速，现在已经慢下来了。加拿大的安大略省 2/3 的发电量来自核电，核电占能源比例与法国、比利时相当。立陶宛是所有国家中核电占能源比例最高的，为 80%。德国已经宣布淘汰核能发电，尽管在德国核电占能源比例达 1/3（德国核电站关闭后，水、电、煤、交通等价格明显上涨）。公开数据显示，美国、法国、日本、英国、德国、加拿大、韩国 7 个主要工业国家的核电发电量占总发电量比例分别为 19 .8%、75%、34 .7%、28.9%、31.2%、12.4% 和 42.8%。我国的核电发电量占总发电量比例不到 1%。

20 世纪末，世界核电占能源比例已经达 17%。1986 年，苏联发生切尔诺贝利事故后，核能发展缓慢下来。由于考虑安全与环境的因素，增加了核电站的建设成本。公众对安全与环境的忧患，又影响了核电发展的速度。人们在计算核电成本时，除了经济耗费外，还要考虑环境耗费。结果是核电成本上升，核电对于其他能源的优越性也就降低了。

3.3.5　我国的第一座核电站——秦山核电站

我国从 1965 年开始筹备核电，在上海建立了一个筹备小组，代号 728 工程，这是上海核工程研究设计院的前身，我国的第一个核电站——秦山核电站的第一期工程就是由他们设计制造的（并实现了对巴基斯坦等国的核电装置出口）。

1982年选址秦山，1984年开工，1991年建成投入运行，电功率为30万千瓦，年发电量为 17 亿千瓦时。秦山核电站地处浙江海盐，面对杭州湾，背靠秦山，风景似画、水源充沛、交通便利，又靠近华东电网枢纽，是建设核电站的理想之地。采用国际上成熟的压水型反应堆，采用燃料包壳、压力壳和安全壳三道屏障，能承受极限事故引起的内压、高温和各种自然灾害。在我国核电的发展中，秦山核电站起的作用不仅是提供电力，更重要的是起到宣传、示范作用，是培养人才、普及核电站知识的基地。

在电力资源比较稀缺的地区，建设核电站是很好的解决办法。我国北方是化石燃料比较集中的地方，西南部则水力资源比较丰富，可是在经济发达的东南沿海地区，能源却很缺乏。在 20 世纪 80 年代初，香港的电力供应曾一度紧张，大亚湾核电站的建成，成功地解决了这一问题。

目前大亚湾核电站所生产的电力 70% 输往香港，约占香港社会用电总量的 1/4。用电的问题是解决了，可是大亚湾核电站地处深圳市的东部，离香港、广州、深圳的距离都很近，而这些城市恰恰是人员密度较大的地区，这样一个年发电能力近 300 亿千瓦时的大型核电站的存在，是否会对周围居民的健康造成影响呢？我国科学家在 2004 ～ 2005 年随机抽查了距核电站 0 ～ 20 公里居民和核电站厂区周边居住和工作的人员 601 人，结果体内除 ^{40}K 外均未测出放射性核素。而在对我国另一座大型核电站——秦山核电站的环境检测中，在距离核一、二号机组反应堆 100 米左右距离所检测到的辐射剂量为 120mSv/h（Sv 是剂量当量"希沃特"的英文缩写，$1Sv=1J/kg$），合计年辐射剂量为 1.05mSv，低于我们接受一次 X 射线胸透所吸收的剂量（～ 1.2mSv）。另外，按照联合国原子辐射效应科学委员会的估计，全世界各核电站正常运行对周围居民产生的辐射剂量（按美国 20 世纪 70 年代估算 < 0.3mSv），与每个人平均每年接受的天然本底照射剂量 2.4mSv 相比是可以忽略的。也就是说，正常运行的核电站对环境的影响是微小的。我国的核电站也未发生过任何二级以上的事故。

3.3.6　高效、洁净能源

正常工作的核电站是清洁能源。核电站所产生的放射性物质一般不允许泄漏到环境中，运行时严格控制废水、废气、废物的排放量。每年从核电站正常运行中排出的放射性物质极微量，使周围居民受到每年 < 20μSv 照射。而一座 100 万千瓦的燃煤电厂排放的烟灰中含有的镭、钍等放射性元素，使附近居民受到的照射每年可达 50μSv，是核电站的放射性污染的 4 倍。燃煤电厂每年还要向环境排出几万吨二氧化硫和氧化氮等有害气体，以及上千千克汞、镉和三四苯并吡等致癌物质。

燃煤电厂有十分沉重的燃料运输负担，100 万千瓦的火电厂每年消耗 212 万吨标准煤，而 100 万千瓦的核电站每年消耗 40 吨核燃料，其中铀为 1.5 吨（以 $1kg^{235}U$ 相当 2700 吨煤计算）。

核电站的基建成本高于火电厂，但是燃料费低于火电厂，运行成本差不多。

核电站还能再生核燃料。核燃料中的 ^{238}U 可在反应堆里转化为 ^{239}Pu。一般反应堆产生新燃料与燃烧掉的核燃料之比为 0.5，而一种增殖性反应堆（又称快堆）可达 1.5。这种新燃料积累起来，经过提取、加工，可供新的反应堆或核武器制造使用。最后剩下的才是核废料。核废料可以将其与水泥搅拌在一起，灌注到桶里让其凝固，最后将这些桶集中在山洞或其他人迹稀少的地方。

3.3.7　我国核电站的现状

我国已建成的十三处核电站分布在东南沿海地区（图 3-4），有浙江秦山、广东大亚湾、江苏田湾等三大核电基地，另外还有在建和经国家批准正式开展前期工作的核电新项目 7 个，包括浙江三门核电站、福建福清核电站。全国内陆地区的在建与欲建的核电站有 31 座之多，在 2011 年日本福岛核电站事故后，大多暂缓建设或停止审批，2013 年以后又逐步恢复。近年来，由于煤及石油等化石燃料对环境的污染，造成持续不断的雾霾天气，促使政府加快发展更环保更安全的核电技术。与同样是一次能源的化石火力发电相比，核电技术明显的优点是不向环境排放任何二氧化硫和氮氧化物，所有放射性废物都是封闭式处理的。

图 3-4 是我国已建与在建核电机组的示意图。由图可见我国核电站主要分布在东南沿海。机组大部分是二代半机型，也有三代的，如三门核电工程将采用西屋公司 AP1000 技术建造，AP1000 核电装置属于三代。

20 世纪 70 年代初，我国开始自主开发核电系统。上海核工程研究设计院在自主设计完成了国内第一座核电站——秦山核电站的任务后，又承担了中国最大出口成套工程项目——巴基斯坦恰希玛核电站的设计总承包工作，恰希玛 300MWe 压水堆核电站是我国自主开发拥有自主知识产权的第一座商用核电站。恰希玛核电站现已成功并网发电。

现在我国的四代核电装置——高温气冷堆和钍基熔盐堆的研制正加紧投入中。

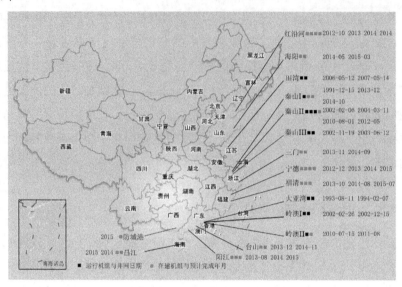

图 3-4　我国主要核电站的分布图

3.3.8　核电站的安全设计

历史上核电站发生的事故大小有数十起，在每次事故发生后都会修改或者淘汰某些堆型，做出更为安全的设计。在这方面，设计者的理念也是逐步发生变化的。开始总认为是越简越好。1947 年，在英格兰的温德斯格尔建成的钚反应堆，就是英国核工业刚起步时设计的结构最简单、造价最低廉的大型反应堆，使用的燃料也便宜，甚至没有使用冷却系统，仅用大功率鼓风机将空气吹入堆芯作为冷却用，排气管道没有安装气体过滤器；反应堆用石墨作为慢化剂，用天然铀作燃料。控制燃料棒的自动插入、拔出功能从未实现过，对反应堆的裂变链式反应速度无法进行很好控制。最糟糕的是石墨，在反应堆运行时的强中子流轰击下，石墨的晶体结构会产生损伤，石墨原子发生位移，石墨性能会变坏，受中子轰击的能量积聚到一定程度，石墨就会起火。该反应堆 1950 年启用，1957 年一号反应堆在做石墨退火处理时，燃料箱破裂，石墨起火，引起堆芯起火融化，20 吨燃料燃烧引起大量裂变碎片外泄，约 2 万居里的放射性泄漏。在当地牛奶中测到每升高达 0.4 ～ 0.8 微居里的 ^{131}I，政府不得不收购牛奶倒入大海，幸好 ^{131}I 的半衰期只有 8 小时，可是它很易积聚在人体甲状腺中，引起甲状腺肿瘤增加。

温德斯格尔钚反应堆的事故尽管没有造成人员死亡，但事故对新兴的英国核产业是个沉重打击。用空气冷却的石墨堆再也无人问津，核反应堆设计则越来越复杂，造价也越来越高。1986 年，切尔诺贝利核电站 4 号机组的事故是核电史上最严重的事故，导致事故的原因是堆型落后（使用的也是石墨慢化的沸水反应堆）、严重的设计缺陷、人为的疏于管理，有 55 人在事故中丧生，还有许多人遭受到了大剂量的放射性辐射，石墨燃烧发生爆炸，堆芯物质大量抛向天空，放射性粉尘飘落到周围许多欧洲国家……

现在核电站的设计和建造标准比常规工业高得多，而且质量控制和质量保证也严密得多。设计者甚至以可能性极小的、假想最严重的事故作为核电站安全设计的依据，并加以纵深设防，以确保安全。

让我们来看一个假想的事故。如果反应堆一回路管道大破裂，冷却剂喷流而出，造成反应堆失水。堆芯因失去了冷却水而烧毁，则大量放射性物质可能释放到安全壳内。此时，反应堆自动停堆，多重（至少 4 重）安全措施启动——应急安全注水箱自动打开阀门，向一回路紧急注水；同时应急冷却系统的高、低压安全注水泵启动，把储水箱中的水连续注入一回路，保证将堆芯淹没和冷却；安全壳喷淋泵也同时启动，把水喷到安全壳里，水起到降低压力、吸收 ^{131}I 的作用；储水箱中的水用完后，安全注水泵改成从安全壳地坑中吸水，再注入反应堆，以保持长期冷却的需要。始终保持安全壳和厂房的密闭，不使放射性物质泄漏。

一般核电站设计中，均设置了 4 道屏障，以保证放射性不会从反应堆中泄漏。这 4 道屏障（图 3-5）是：燃料芯块（Ⅰ）、燃料元件包壳管（Ⅱ）、高强度压力容器（Ⅲ）和安全壳厂房（Ⅳ）。

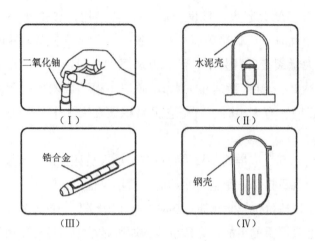

图 3-5　核电站安全设计的 4 道屏障

　　燃料芯块是制成一块块的铀燃料烧制成含铀的陶瓷小圆柱，燃烧后 98% 的含放射性的裂变产物被保留在芯块里，不会跑出来；余下的 2% 则被燃料元件包壳管吸收，燃料元件包壳管用锆合金制成，它要到 2000 多摄氏度才会熔化；如果燃料元件包壳管再破损，则第三道屏障高强度压力容器起作用，把泄漏出来的放射性密封住。高强度压力容器是一个特制的奥氏钢制成的钢套，强度非常大；如果高强度压力容器再破损，第四道屏障则是我们在核电站外面看到的大水泥壳，称为安全壳厂房。它也是密封的，对泄漏起到最后的防护作用。

　　从核电站初期英国采用的石墨堆堆芯融化开始，反应堆堆型不断更新，先是发展了沸水堆，后来是更安全的压水堆。20 世纪 60 年代后期是建核电站的高潮，世界上共建成 400 多座核电站；而后又度过了 1986 年切尔诺贝利事故引起的核产业 20 余年休眠期。2008 年，核电站终于有了苏醒的迹象，美国有 12 台先进的西屋 AP1000 反应堆先后投入建造，我国也开始大力发展核电站。但是，2011 年日本福岛由于地震而引发的核电站事故，再一次动摇了人们使用核能的信心，核能又一次经受了打击。在民众压力下，德国宣布关闭国内所有核电站。在有些国家，核电站每次装填核燃料和运输废物，都要引起反核人士的抗议。

　　应该承认，经历了多次曲折的核电技术，是越来越完备、越来越安全了。核电站比燃煤电厂安全、对环境的影响小，也是事实。在未来能源的选择上，应该全面衡量各种能源的优缺点，需要公正地对待核能。

总之，核电是一种高效、清洁能源，也是一种安全能源。它不会像原子弹那样引起核爆炸。有人这样形容它，核电站是啤酒，核武器是白酒，前者点不着。核电站不是原子弹，在正常工作情况下不会发生爆炸。

3.3.9 与核能发电有关的污染

我们讲了核能发电的许多优点，与火力发电相比，更高效、更洁净、更安全。但是它毕竟是一个核反应过程，在核能发电的全过程有哪些污染，对环境有什么潜在的影响呢？

首先是铀矿石开采过程中的污染，采矿过程中会产生含硫酸、溶解性金属和放射性核素的酸性废水；然后是反应堆里的核裂变物质和放射性泄漏、溢出，污染物质是各种放射性核素，如 ^{239}Pu、^{90}Sr、^{137}Cs、^{131}I 等，能引起机体细胞的损伤和基因的改变；最后是高浓度的放射性废物，即乏燃料，带来的是固体废弃物的长期处理问题。这些废弃物有很强的放射性，还有余热放出的热量，因此短期内还要存放在反应堆附近，即乏燃料池里，经过很长一段时间的衰减，再运到其他地方去进行进一步处理。这些污染对环境的潜在危险是土壤、地下水的污染（图3-6）。

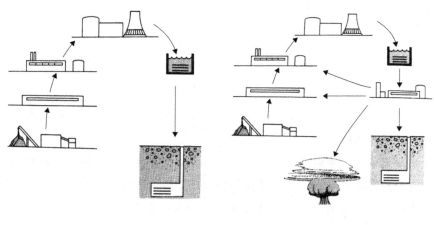

（a） （b）

图3-6 核电站废料直接深埋（a）和经过处理再利用后的废料深埋（b）

应该注意的是反应堆的设计寿命为 40 年，到期就要退役。反应堆内部呈高放射性状态，情况与高放射性废物差不多。如果核电站报废，整个核电站基础设施都是高污染的放射性废物，要长期存放和监测，如果不很好地管理，会有放射性物质释放到环境。退役处理所需花费，不比造一座新的核电站便宜。

3.3.10　天然核裂变反应堆

我们已经介绍了人工利用核裂变的装置——反应堆，只有反应堆才能使裂变反应既能达到足够猛烈又能控制的地步。但是有趣的是，人们发现自然界居然也存在天然的裂变反应堆。

1972 年 9 月，法国科学家宣布：在西非沿海地区赤道附近，加蓬共和国东南部的露天奥克洛铀矿中，有一个长期"休眠"的天然核裂变反应堆的遗迹。在这个富集的铀矿脉中，天然反应堆曾经达到"临界"，消耗了部分燃料，然后停止运转，这些全部发生在 20 亿年前的寒武纪时代。这是怎么回事呢？

原来，从奥克洛露天铀矿中采集的矿石运到法国进行浓缩处理，质检员发现矿石中 ^{235}U 的比例比正常值小了 0.4%，虽然这个数值不大，却是前所未有的怪现象。我们知道，自元素形成起，天然铀中的各种铀同位素就以各自不同的半衰期衰变，^{235}U 半衰期约 7×10^8 年，^{238}U 则约为 4.5×10^9 年，在某个时间，这两种同位素之间的比例是一定的，这是由放射性的基本性质决定的。经过多次测试，奥克洛矿石 ^{235}U 的浓度只有 0.69%，是正常值 0.72% 的 95.8%。矿石中 ^{235}U 浓度的降低只能用该处发生过链式反应，曾经消耗过一部分 ^{235}U 来解释。

科学家以反应堆运行的必需条件来调查研究此天然反应堆，发现其在寒武纪时代满足相关必需条件，这些条件包括：较大丰度的 ^{235}U，铀矿周围没有易吸收中子的元素，有可以作为中子慢化剂的水存在。首先，^{235}U 比 ^{238}U 衰变得快，所以在过去它一定更丰富，根据衰变率外推，20 亿年前 ^{235}U 丰度约为 3.75%，满足第一个条件。其次，没有证据显示在当时奥克洛存在中子吸收剂（如锂、硼等），即使存在这类"中子毒物"，也会随时间慢慢从矿石中耗尽，因为一个锂或硼核一旦俘获一个中子，它就被转变成具有较小中子俘获截面的核。这样看来第二个条件也满足。第三，合适比率的中子慢化剂——水，在当时的奥克洛矿中是存在的。这些条件的满足说明奥克洛铀矿当时确实是发生过铀裂变链式反应的。

还有其他种种迹象，说明天然反应堆曾经运行过。在该矿区发现了铀的裂变产物，而在其余矿区，则不存在这些元素，也证实了 ^{235}U 曾经作为核燃料"燃烧"过。

根据进一步分析研究，查明这座天然反应堆在当地共有 16 处，在 20 亿年前曾运行了 50 万年左右，功率为 10～100 千瓦，总共产生了约 1 万兆瓦·年的能量。

大自然可以如此漫不经心地"组装"出这种天然核裂变反应堆，并且它在寒武纪时代就发生了。这不仅说明了大自然的奇妙，也证实了核科学理论与方法进行推断与预测的正确性。

综上所述，在这一个多世纪中，核科学和核工业经历了曲折的发展过程。核武器先于核的其他应用，这种时间上的错位，使核电一开始就处于不利地位。人们对核电应用从心理上就有排斥，影响了对核电发展作客观冷静的分析。核电的优点其实很明显，其能量密度高、技术较成熟、安全性较高，对环境影响小于化石燃料（如煤、石油）。当然，在最初激动人心的时刻过去后，人们也发现它的不足。且不说建造核电站的高成本，核燃料的开采、提取和浓缩以及大量核废料的处理，与这两端相关联的环境问题，是棘手的。开采铀矿产生的大量废矿和尾矿，放射性虽低，但也要50 年后才能衰减到安全水平。而核电站产生的大量高放射性废物，需要几个世纪的衰减才能达到安全水平，需有永久性的存放点以及永久存放前的临时堆放点。解决这些技术问题后，人类期望的核电站是一个具有达到先进技术标准、允许辐射剂量标准和整体安全感的能源，这才是核产业复兴的根源，我们期待着这一天的到来。

3.4　可控核聚变

我们已经知道，在轻核区，两个轻核聚合成一个核时会放出能量，这是取得核能的另一条途径，这就是聚变能。

3.4.1　聚变反应的原理

聚变反应主要有以下四种。

$$^2H + ^2H === ^3He + n + 3.27\,MeV \tag{3-1}$$

$$^2H + ^2H === ^3H + p + 4\,MeV \tag{3-2}$$

$$^2H + ^3H === ^4He + n + 17.6\,MeV \tag{3-3}$$

$$^2H + ^3He === ^4He + p + 18.3\,MeV \tag{3-4}$$

这 4 个聚变反应的总效果，是释放出 43 兆电子伏特的能量。

也可以写成

$$6\,^2H === 2\,^4He + 2p + 2n + 43\,MeV \tag{3-5}$$

如何实现式（3-5）的反应？其实很简单。就是用氘打氘溶液。氘可以从海水中提取，每升海水中含 0.03 克氘。氘打氘的结果，可以生成产物是氦-3 和中子（式（3-1）），也可生成氚核和质子（式（3-2））。这样氘溶液中就有了氚和氦-3，继续用氘打氘溶液，就有可能发生氘打氚或氘打氦-3，生成氦和质子（式（3-4））或氦和中子（式（3-3））。综合以上过程，就相当式（3-5）表示的：6 个氘生成 2 个氦、2 个质子、2 个中子，放出 43 兆电子伏特能量。而氚和氦-3 是中间产物，在式（3-5）中不出现。这也是聚变反应过程低放射性的优点——氚是放射性元素，但是它只是中间产物。

3.4.2　裂变反应与聚变反应的比较

下面我们比较一下裂变反应与聚变反应的优缺点。

燃料来源　聚变反应，不论是氘打氘还是氘打氚，都能放出高于铀裂变数倍的能量，聚变燃料氘在海洋里蕴藏量很大，约为 40 万吨，可以说是取之不尽、用之不竭，而铀在地壳中的蕴藏量有限，几十年就会消耗殆尽。

燃料制备　聚变燃料氘的制备，比制备 ^{235}U 容易。

放射性　聚变过程中基本上没有放射性产生，只是在过程中间有氚形成，氚有放射性，但它只是中间产物。

由此可见，聚变能是比裂变能更优质的能源。但是为什么在由聚变原理制成的氢弹试验成功后，迟迟不能实现可控核聚变呢？

3.4.3　可控聚变反应

1. 可控聚变反应的困难

聚变反应至今尚未实现可控化，因为聚变反应须在非常高的温度下进行。以两个氘核碰撞产生聚变反应为例（^{2}H+^{2}H═^{3}H+p），氘核带正电，一般条件下两个氘核接近到一定程度就会产生很强的排斥力。要使它们碰撞，得有很强大的外力作用，这需要约 1 亿摄氏度的高温等离子体态（所有原子都已完全电离）。而且，需要把等离子体的温度和密度维持足够长的时间，才能实现连续的聚变反应并获得能量。氢弹是利用一个小原子弹引爆产生的高温点火，这样聚变反应才得以进行，氢弹才能爆炸。可是，如此之高的温度，没有哪种材料可胜任聚变反应堆的外壳，以实现可控聚变，更不用说控制聚变反应的速度了。

太阳的发光发热，靠的是聚变反应，它是怎样进行如此稳定的聚变反应的呢？太阳依靠自身巨大质量产生的引力，实现了对高温等离子体的约束，把它们聚集在一起发生聚变反应。我们不禁要再次感叹大自然的无穷奥妙，这个天然聚变反应堆是半径为 70 万千米的大容器，等离子体的外层温度为 6000 摄氏度，中心温度为 15 百万摄氏度，十分缓慢地进行着聚变反应。太阳每天燃烧 50 万亿吨氢，放出相当每秒爆炸 900 亿颗百万吨级氢弹的能量。这对比地球重 33 万倍的太阳来说，还是九牛一毛。但在地球上，人们不可能有条件进行这样的模仿。

人们想出各种方法去实现可控的聚变反应堆，如磁约束、惯性约束等无形约束办法，把聚变反应约束在一个小空间内。

2. 磁约束

核聚变的磁约束方法研究始于 1954 年的苏联，利用带电粒子在磁场中偏转的原理，将也是带电粒子的等离子体约束在一定空间，同时对它进行加热。这种装置称为托卡马克（Tokamak），由俄语"toroidal"（环形）、"kamera"（真空室）、"magnet"（磁）和"kotushka"（线圈）组合而成。这是一种形如面包圈的环流器，依靠等离子体电流和环形线圈产生的强磁场，将极高温等离子状态的聚变物质约束在环形容器里，以此来实现聚变反应。

我国四川绵阳建成的环流器 1 号，也是一个托卡马克装置（图 3-7），它是一个磁约束的核聚变实验装置。在欧洲的核子研究中心已建成零功率输出的磁约束可控核聚变装置，但离实际应用距离甚大。

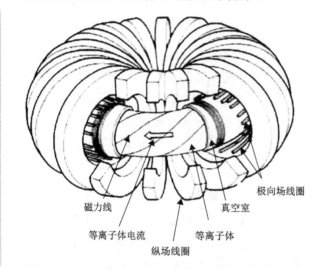

图 3-7　托卡马克装置示意图

国际热核聚变实验反应堆（International Thermonuclear Experimental Reactor，ITER）是规划建设中的一个为验证全尺寸可控核聚变技术的可行性而设计的国际托卡马克试验堆。它建立在由 TFTR、JET、JT-60 和 T-15

等装置所引导的研究之上，并将显著地超越所有前者。ITER 计划将历时 35 年，其中建造阶段 10 年、运行和开发利用阶段 20 年、去活化阶段 5 年。2006 年 5 月 24 日，中国加入 ITER 计划，欧盟承担 50% 的费用，中国承担 10%，预计将在 2025 年实现可控核聚变。

EAST 由实验"Experimental"、先进"Advanced"、超导"Superconducting"、托卡马克"Tokamak"四个单词首字母拼写而成，它的中文意思是"先进实验超导托卡马克"，同时具有"东方"的含意。EAST 装置是我国自行设计研制的国际首个全超导托卡马克装置。计划拟产生 ≥ 100 万安培等离子体工作电流，持续时间达 1000 秒，在高功率加热下温度将超过 1 亿摄氏度。在国际上尚未有成熟技术可借鉴，它集超大电流、超强磁场、超高真空、堆芯的超高温度和线圈中的超低温度这些极限条件于一身，是研究核聚变堆的前沿物理问题的先进实验平台。EAST 的半径虽然只有国际热核聚变试验堆（即 ITER）的 1/4，但位形与 ITER 相似且更加灵活，而且将比 ITER 早 10 ~ 15 年投入运行。

3. 惯性约束

惯性约束实际是氢弹实现聚变反应的办法。惯性约束无法达到可控的目的，因此它只能用于武器的制造，而不能用于发电。

我国科学家王淦昌首次提出了激光惯性约束核聚变的概念，并以此制成了脉冲功率达到 10^{13} 瓦的高功率激光器"神光"，用于轰击氘氚混合燃料，使其气化并产生向内的强压力，从而满足核聚变的条件，为实现可控核聚变迈出了重要的一步。

3.5　核　潜　艇

常规动力潜艇在水下航行依靠化学电池作为动力，再高效率的电池容量总有限，所以它不可能长期待在水下，需不时升到水面来充电。这样其隐蔽性和安全性都会受到威胁。核潜艇则有如下优点：

第一，使用反应堆发电，一次装料可使用数年，无需为充电而浮出水面。

核潜艇的续航力强，隐蔽性好，可在水下连续滞留 60～90 昼夜（常规潜艇水下全速仅 1h）；

第二，功率大，航速最高可达 40 节左右（常规潜艇一般在 30 节以下）；

第三，动力装置不需要供氧，也不排烟，增加了水下活动的安全性。

核潜艇体积大，可装更多的武器，弹道导弹的数量远多于常规艇，其环境也明显优于常规艇，用电不受限制、生活空间宽敞，甚至有桑拿、小型游泳池、健身房等。

核潜艇一般采用压水堆，世上只有美国、俄罗斯、英国、法国、中国拥有和使用核潜艇。

核潜艇分为战略核潜艇和攻击型核潜艇两大类，前者装备有弹道导弹（潜基导弹），后者装备有巡航导弹和鱼雷。潜艇隐蔽性好，机动性强，攻击力大，所以潜基导弹成为核攻击的中坚力量。目前，各大国都把战略核弹头部署在潜艇上。

攻击型核潜艇以巡航导弹和鱼雷为主要武器，攻击地面目标、潜艇和水面舰艇。

3.6 核动力航空母舰

核动力航空母舰，是以核反应堆为动力装置的航空母舰。它是以舰载机为主要作战武器的大型水面舰艇。依靠核动力航空母舰，一个国家可在远离其国土的地方、不依靠当地机场情况下对别国施加军事压力和进行作战。它把海、空力量紧密地结合起来。核航母既有战略威慑、制海、制空、制信息的作用，又有实施对陆攻击、兵力投射、联合作战等战术防攻作用，在远洋作战中起着不可替代的作用。目前世界上只有美国海军发展核动力航空母舰。除美国外，只有法国拥有一艘核动力航空母舰。

核动力航母具有无法比拟的优势。航母是个庞然大物，耗费很大，要是常规动力的，用不了多长时间就要回母港补充燃料。核动力航母要比常规航母经济很多，虽然造价成本高，但是使用成本低，维护成本两者差不多。核动力航母利用反应堆裂变产生的热能提供动力。其优点是：无排烟问题，无需气道和烟囱，也无烟气腐蚀和热气流影响，生存能力很强；功率大，大型航母可载飞机 70 ～ 120 架；最高航速达 30 海里 / 小时，机动性能好；核燃料换料周期长，如美国的尼米兹级核动力航母，装满燃料可绕地球 50 圈。

由于核动力航母的显著优点，美国后建的航母都采用核动力。核动力航母受到军事大国的青睐。

3.7　其他海洋核动力装置

核巡洋舰　装备有导弹、鱼雷、舰炮、直升机和电子对抗设备，适用于远洋作战的多用途大型水面战舰。二战后，巡洋舰成为美国、苏联两国海军主要的海面舰只。

驱逐舰　目前主要以燃气轮机为主，但也有核动力驱逐舰，如 1962 年美国建成"班布里奇"号核动力驱逐舰。它的核动力装置可以绕地球航行 16 圈，不需要换燃料。

核动力破冰船　北冰洋有厚厚的冰层覆盖，破冰船有着重要的实际应用价值。核动力破冰船由于具有续航能力强、功率大、机动性强等优点而受到青睐。1957 年 12 月，世界上第一艘核动力破冰船——苏联"列宁"号原子破冰船下水，1960 年正式投入运行。俄罗斯现在服役的核动力破冰船有 8 艘，还在订货制造新的原子破冰船。

核动力商船　消耗燃料量小，续航能力强，所以普通商船有的也用上核动力。虽然核动力商船造价高，但是运行费用低，续航能力强，可以长期不更换燃料。世界上第一艘核动力商船是美国的"萨凡纳"号，1962 年 5 月投入航行。德国也在 1968 年建成了核动力矿砂船。此外，日本、苏联也造了核动力商用船只。

3.8　核动力在航空航天领域的应用

　　把卫星、宇宙飞船和空间探测器等宇航器件运到太空，均需要运载工具。运载工具可以是火箭，也可以是航天飞机。我国是继美国和俄罗斯之后，第三个拥有载人航天飞船运载火箭的国家。火箭是由极高速度从喷气管排出气体而产生强大的反作用力的一种飞行器。火箭按能源分类，可分为化学火箭、电火箭、太阳能火箭、核火箭、光子火箭等。运载火箭是将人造卫星、宇宙飞船和空间站等航天器件运送到太空的多级火箭。进入太空，首先要克服地球的引力束缚，达到第一宇宙速度（7.9 km/s），才能克服地球引力而不落回地面，绕地球飞行；达到第二宇宙速度（11.2 km/s），才能脱离地球飞向太阳系的其他行星；达到第三宇宙速度（16.7 km/s），才能飞离太阳系。

3.8.1　核动力火箭

　　热核火箭　利用核燃料（^{235}U 或 ^{239}Pu）裂变产生的巨大热能，把推进剂加热到极高温度，从尾部喷出，从而产生巨大的推力，推动火箭高速飞行。美国 1955 年开始执行第一个热核火箭研究计划，产生高温等离子体，从喷气口喷出，驱动火箭前进。

　　核电火箭　把核裂变或者核聚变能转换成电能，提供给火箭，产生高温、高压、高密度的环境，使推进剂成为等离子体，以高速排出，产生极大的推力。

　　光子火箭　若做星际旅行，无疑需要光速或者接近光速的速度才行。然而以化学能作为动力，最高速度只有 4000 m/s，在人类短暂的一生中是不可能实现的。光子火箭速度可达 3×10^8 m/s。

　　光子火箭　利用正物质和反物质湮没产生光子所释放的巨大能量，把火箭加速到接近光速。科学家用这种反物质发动机，从地球飞往火星只需要 6

个星期。目前光子火箭还处于美好的科学幻想阶段。

3.8.2　核动力卫星和空间核电源

1. 核动力卫星

太空中大约有几千颗卫星，如科研卫星、通信卫星、气象卫星、遥感卫星、导航卫星、军事卫星等，其中 70% 是美国、俄罗斯的军用卫星。卫星都希望有小而轻、寿命长、性能可靠的电源。可用的电源很多，但是都有其缺点。当前，航天能源主要有太阳能、化学能及核能三大类。对于蓄电池和燃料电池，体积和质量大，使用寿命短，且难以应付太空中的恶劣环境条件；太阳能电池离不开太阳光，需要大面积的电池翼，使体积和质量增大，功率很难做得很大。核电源工作寿命长、性能可靠、可提供较大功率。在外行星探测器中，其远离太阳，用太阳能作为电源不现实，最好采用核电。美国在"海盗"号探测器，"先驱者" 10 号、11 号探测器，木星、土星探测器中都采用了放射性同位素温差电源。

2. 空间核电源

20 世纪中叶开始研究用于卫星、飞船等航天器上的核电源。核电源有两类：一是放射性同位素温差电源；二是核反应堆电源。

放射性同位素电源，是利用放射性同位素（如 ^{90}Sr，β^- 衰变，半衰期为 28 年；^{238}Pu，α 衰变，半衰期为 90 年）衰变过程中释放热能，通过热电偶转换成电能。这种核电源尺寸小、质量轻、性能稳定可靠、使用时间可达几十年，比蓄电池和燃料电池长得长，但是功率比较小，几十瓦至上千瓦，很适合于通信卫星、侦察卫星、气象卫星、宇宙飞船等航天器使用。

空间堆电源是利用反应堆发电的，适用于宇宙飞船、空间站和大型通信卫星，它们需要功率在几千瓦以上的电源，尤其是军用航天武器以及太空武器。比如，航天母舰需要较大动力和电能，需要体积小、功率大、质量轻，并且能够长时间运行的电源。微型高功率空间核反应堆是最理想的能源。这种反应堆采用高浓铀做燃料，金属钠－钾做冷却剂，尚未实际应用。目前，所开发的空间反应堆电源只有几十千瓦到几百千瓦。

微型空间反应堆电源有下述特点：使用寿命长；抗电磁波干扰、抗宇宙射线作用强、可实现无人操作。美国、苏联、法国在空间核动力领域比较领先，此外，德国、日本、西班牙、韩国、印度等国家对空间反应堆也很有兴趣。

俄罗斯"和平"号空间站，在太空飞行了15年，绕地球8万多圈，飞行35亿千米，现在多国参与的"国际空间站"，于2011年组装完成，成为人类的一座"太空城"，美国航天局启动了一项研究航天飞机的计划，要制造能够飞往木星、木卫四和木卫二，并最终成为星际飞行的航天飞机。这种航天飞机，打算采用核潜艇式的反应堆动力。对于星际飞行，除了上面设想的用核裂变、核聚变能量外，有人设想用激光帆。美国科学家哈威提出了反物质发动机航天器，从地球飞往火星，将只需要6个星期。这种反物质发动机，是依靠反物质湮没所产生的巨大能量推动飞船。实际上，以上这些星际飞行工具还只是设想，离现实比较遥远。

3.9 核动力装置小结

核动力装置在航天与航海的应用方面有很大的差距。在航海方面的应用早已实现，而在航天方面更多存在于美好的想象。核动力比较成熟的方法是使用反应堆，但是它的体积大、质量重、有放射性。航天的特点是需要使用小型轻质的材料，也就是要去除一切不必要的"死重"，从根本上不适合使用反应堆，而其余方法大部分还处于纸上谈兵的阶段；而航海则好办得多，核潜艇、核航母等都是有足够的空间可以使用反应堆的，假设是发生事故后沉没了也没有很严重的后果，大海会稀释残余的放射性。

结语

　　核能的利用是核科学技术的最大成功应用。本章详细叙述了核能产生的途径和核能利用的领域，分别介绍了产生核能的方法与途径。它们是利用天然放射性同位素的核衰变，即放射源放出的能量；另一种是放射性同位素的裂变与聚变产生的能量。

　　为了利用核能，需要一种技术，能将放射性元素放出核能的性质变成可利用的动力源，用来制备核武器、核电站和其他核设备。这种技术首先在核武器的研制中实现，然后利用反应堆技术开发了核电站以及空间和海上的核动力装置，这是核科学与核技术成功应用的范例。目前，基于核裂变原理的反应堆应用比较成功，而可控的核聚变还无法实现，因此，比裂变威力更大的聚变能利用尚待时日。

　　本章以相当篇幅叙述了核能利用的实践，说明了安全利用核能的重要性。

第四章

核科学技术与蒙特卡罗方法

在核武器研究、反应堆设计、核物理实验以及辐射屏蔽中，都要涉及大量的中子、光子和带电粒子的输运问题。要解决这类辐射输运问题有如下三种方法：

（1）解玻尔兹曼输运方程。将粒子在介质中的各种作用过程用积分微分方程来表示，即粒子源供给粒子的能量等于粒子在介质中各种作用过程损耗的能量加上粒子离开介质时剩下的能量，同时给粒子与介质组成的系统以一定的边界条件，再去解这些方程。然而此事颇难，系统必须非常简单，还得作许多近似，简化到可用方程式来表示，而且很难得到解析解；若用计算机作数值计算，使用各种技巧得到的数值解的结果与采用的算法有极大的关系，而且整个系统也必须相当简单，否则根本无法求解。

（2）采用半经验算法。对系统中涉及的物理过程的许多参数事先用实验确定，并非完全从头算起。这种方法的确简单些，但是对于复杂些的系统就无能为力了。

（3）蒙特卡罗模拟。蒙特卡罗（Monte Carlo）方法是广泛用于物理领域处理粒子输运问题的随机统计方法，也称统计模拟方法。这是一种以概率统计理论为指导的一类非常重要的数值计算方法，所以特别适合于粒子输运这种复杂几何以及多种不均匀介质构成的系统。20 世纪 40 年代中期，由于核科学技术的发展和电子计算机的发明，蒙特卡罗方法作为一种独立的方法被提出来，并且在核武器的研制中首先得到应用。蒙特卡罗方法简称 M-C 方法，是目前解决粒子输运问题公认的最佳方法。

为什么 M-C 法能很好地解决粒子在介质中的输运问题，我们将在本章进行详细介绍。

4.1　蒙特卡罗方法的基本思想

蒙特卡罗方法，这个名字很有意思。Monte Carol 是摩纳哥的一个驰名世界的赌城。这个方法为何以赌城命名？其实，蒙特卡罗法的原理就是个博弈游戏，所以，1947 年春美国洛斯阿拉莫斯实验室的约翰尼·冯·纽曼（Johnny von Neumann）和乌拉姆（Stanislaw Marein Ulam）首次用此方法去研究中子行为时，给它起了这个名字（也因保密需要）。

蒙特卡罗方法，亦称为随机模拟方法、随机抽样技术或统计试验方法。其基本思想是：当所欲求解的问题是某种事件出现的概率时，可通过某种实验的方法建立一个概率模型与该事件的物理过程对应，然后，通过对模型或过程的观察（或抽样试验）得到该事件出现的概率或该随机变量的平均值，并用它们作为问题的解的近似值。

这里所说的"实验"，并非通常意义上的实验，而是抓住事物运动过程的数量和几何特征，利用数学方法加以模拟的过程，即进行一种数字模拟实验，模拟实验的次数越多，其模拟结果就越接近于真实值。对于特定的数学或物理问题，若要得到较为准确的模拟结果，往往需要上万次，甚至数十万、数百万次的数字模拟实验，其运算量相当庞大。因此，在电子计算机问世前，蒙特卡罗法并无多大的发展与应用。在电子计算机出现并飞速发展后，利用蒙特卡罗（M-C）方法进行大量的数字模拟实验成为可能。由此可见，M-C方法与电子计算机的发展密切关联，是数理统计与电子计算机相结合的产物。

M-C方法可用如下简单例子来说明：若计算一个不规则图形的面积，该图形不能用通常的解析式来表达，就不能用通常的定积分法来求其面积；当然，我们可以用计算机进行数值计算求其近似解，但随着数值计算的方法不同，近似解的误差很大。用M-C方法计算可这样进行：划定一个已知面积的区域，将该不规则图形包括在内，把一袋豆子（大量）均匀（随机）地撒在这片区域，统计落在图形中和图形外的豆子数，计算图形内的豆子数与撒下的总豆子数的比值，就可换算出该不规则图形的面积。豆子越小，撒得越多，结果就越精确（假定豆子都在一个平面上，相互之间没有重叠）。

那么，如何实现用M-C方法求解粒子输运问题呢？粒子在介质中的运动过程具有随机性质，一个由粒子源出发的带一定能量的粒子，在其运动方向上，在哪一点与介质原子碰撞是偶然的，但多次碰撞的结果，碰撞点却有一定的概率分布。同样，与介质原子核（或原子）发生碰撞，又有各种反应概率完全不同的碰撞类型，如弹性碰撞、非弹性碰撞等。碰撞后粒子损失部分能量后，剩余能量是多少，粒子的运动方向改变与否，新的方向如何，都遵从一定的概率分布。所以，这些参数的选择都可用随机抽样法决定。碰撞后，粒子可能被介质吸收或从系统中逃脱，这时粒子的运动过程就结束；否则，继续下一轮类似的运动过程。一个粒子在介质中运动的情况，可由它所经历的碰撞反映出来。这里需要特别指出的是，下一次碰撞位置、碰撞后能量和方向的决定，只与这次碰撞情况有关，而与粒子以前的碰撞情况无关。依次记录每次碰撞过程与粒子动能、位置、运动方向、能量损失等参数，模拟大量的粒子，并对其进行统计平均，就可得到各种需要的物理参数。所以，只要粒子与核碰撞的物理规律清楚，大量重复模拟粒子在介质中的历史（碰撞过程），就完全能用 M-C 方法得到所需要的解。

4.2　M-C 方法的起源

17 世纪，随机试验是与掷硬币、掷骰子等游戏密切关联，硬币和骰子就是最简单的概率模型。很早以前，数学家惠更斯（Huygens）就曾预言过，不要小看这些博弈游戏，它有更重要的应用。在伯努利（Bernonlli）前，人们就把频率作为概率的近似值了。如果概率计算发生错误，人们可以通过随机试验得到的频率来发现问题，并进行校正。例如，意大利职业赌博者误认为投掷三个骰子得 9 点和 10 点的概率相同，但大量试验的结果发现，二者的概率分别为 25/216 和 27/216，前者比后者小 2/216。

18 世纪法国学者蒲丰（Buffon）对概率论在博弈游戏中的应用深感兴趣，发现了用随机投针试验计算 π 的方法。这些也许是最早用频率近似地估算概率的随机试验方法。实际上，这就是古代的 M-C 方法。

然而，在当时随机试验却受到一定限制，这是因为要使计算结果的准确度足够高，需要进行的试验次数相当大。因此，人们都认为随机试验要用人工进行冗长的计算，这实际上是不可能做到的。

二战期间，在美国关于制原子弹的"曼哈顿计划"中，为解决钚弹试制中超压缩裂变和内裂变动力学两方面的精确模拟，物理学家约翰尼·冯·纽曼（Johnny von Neumann，1903～1957）被聘为顾问，他是一位核物理学家、统计学家、游戏理论家、数字分析师，同时又是不可多得的数学天才。此时洛斯阿拉莫斯还聚集了许多理论和实验物理学家，他们（图4-1）的合作努力将 M-C 方法推向了舞台。

图 4-1　M-C 方法的奠基人——曼哈顿工程中的四位科学家

左起：恩里科·费米（Enrico Fermi）、乌拉姆（Stanislaw Marein Ulam）、约翰尼·冯·纽曼（Johnny von Neumann）、梅特罗波利斯（Nicholas Metropolis）

约翰尼·冯·纽曼为解决用内裂变方式驱动钚弹的问题，模拟了炸弹爆炸瞬间的过程，他利用一栋大楼的大量 IBM 穿孔卡片机，将它们连接起来用来预测钚弹内部的中子的数量特征。实际上这是一个统计学的问题，是用数字计算机的雏形做的一次类似 M-C 模拟的试验。

恩里科·费米，意大利物理学家，他既是理论物理学家，又是擅长将设想变成现实的实验物理学家。他作为核反应堆的发明者，第一个在反应堆上实现自持的链式反应，又是原子弹研制工作的领头人，在曼哈顿工程中发挥了巨大作用。

乌拉姆（1909～1984），波兰裔美籍数学家，在二战前夕逃出波兰，受约翰尼·冯·纽曼之邀来到洛斯阿拉莫斯。早年他是研究拓扑学的，后因参与曼哈顿工程，兴趣遂转向应用数学。他首先提出用 M-C 方法解决计算数学中的一些问题，然后又将其应用到解决链式反应的理论中去，可以说是 M-C 方法的奠基人。

梅特罗波利斯（1915～1999），希腊裔美籍数学家、物理学家和计算机科学家，对 M-C 方法的广泛应用做出很大贡献。起名 Monte Carlo method，是他的建议，因为当时乌拉姆时常提起其叔叔借债上赌场去赌钱。

1954 年，美国物理学家海沃德和哈勃首次对 67 个光子的历史进行了 M-C 数值模拟，该模拟是在一个小型计算机上进行的。考虑的物理模型是光子与介质发生的光电效应、康普顿效应和电子对效应，使用直接模拟法（不使用技巧）的结果是，每个光子在介质中发生的碰撞数（相互作用次数）小于 10 次。这个计算量在当时的计算机上还可以实现。现在看来，由于模拟数太小，得到的结果误差较大。

对于带电粒子在介质中输运的 M-C 模拟，由于物理机制与光子不同，每个带电粒子在介质中的碰撞次数在 100 次左右，且每次碰撞损失较小的能量。如模拟的带电粒子数为 1 万个（现在看来，这个模拟粒子数很小），模拟的碰撞次数就超过 100 万次，使用计算机计算时就超过了当时允许的程度。所以，人们发展了各种模拟方法，其中比较成功的是压缩法。将碰撞分为硬、软两部分，对于硬碰撞，能量损失较大，对结果影响比较明显的用直接模拟法，而对其他称为软碰撞的部分，则加以简单处理，从而使带电粒子在介质中输运的 M-C 模拟成功实现。

1966 年，Kurosawa 首次将此方法引入到半导体输运问题研究中。此后 M-C 方法便广泛用于研究各种介质在不同条件下的粒子输运问题。1983 年，Wilson 等开始将 M-C 方法应用到组织光学领域，探讨光子在组织体中的传输规律。自此，M-C 方法作为一种普适的模拟手段广泛应用于组织体光谱与成像技术中光子传输的时间和空间分辨漫射特性分析、实用光传输模型有效性验证以及光动力疗法中光辐射剂量分布定量和优化等组织光学的各个层面，其中汪立宏等在 1995 年发展了通用的 VRMC 程序，可用于多层组织内稳态光的传播过程模拟和特性参数计算。

M-C 方法以高容量和高速度的计算机为前提条件，近几十年来，随着电子计算机的迅速发展和更新换代，人们才有意识地、广泛地、系统地应用随机抽样试验来解决数学物理问题，M-C 方法作为计算数学的新的重要分支，推广并应用到各个领域。

4.3　M-C 方法的解题思路

在解决实际问题时应用 M-C 方法主要有两部分工作：一是用 M-C 方法模拟某一过程时，需要产生各种概率分布的随机变量；二是用统计方法把模型的数字特征估计出来，从而得到实际问题的数值解。

M-C 方法解题，有三个主要步骤。

1）构造或描述概率过程

根据提出的问题构造一个简单、适用的概率模型或随机模型，使所构造的模型在主要特征参量方面与实际问题或系统相一致。

对于本身就具有随机性质的问题，如粒子输运问题，主要是正确描述和模拟这个概率过程；对于本来不是随机性质的确定性问题，如计算定积分，就需要事先构造一个人为的概率过程，它的某些参量正好是所要求问题的解，即将不具有随机性质的问题转化为随机性质的问题。

2）实现从已知概率分布抽样

概率模型构造后，由于各种概率模型都可看成由各种各样的概率分布构成，因此产生已知概率分布的随机变量，就成为实现 M-C 方法模拟实验的基本手段，这也是此法被称为随机抽样的原因。最简单、最基本、最重要的概率分布是（0，1）上的均匀分布（或称矩形分布）。随机数就是具有这种均匀分布的随机变量。随机数序列就是具有这种分布的总体的一个简单子样。产生随机数的问题就是从这个分布的抽样问题。在计算机上，可以用物理方法产生随机数，或用数学递推公式产生。由已知分布随机抽样有各种方法，与从（0，1）上均匀分布抽样不同，这些方法都是以产生随机数为前提的。由此可见，随机数是实现 M-C 模拟的基本工具。

3）建立各种估计量

一般说来，构造了概率模型并能从中抽样后，即实现模拟实验后，就要确定一个随机变量，作为所要求的问题的解，我们称它为估计量。建立各种估计量，相当于对模拟实验的结果进行考察和登记，从中得到问题的解。

4.4　M-C 方法的特点

4.4.1　M-C 方法的优点

首先，M-C 模拟法的结构简单，易于实现，应用灵活性强，实现简单，模拟准确。其运行过程只需一些必要的参数，就能够比较逼真地描述具有随机性质的事物的特点及物理实验过程。其次，该方法受几何条件限制小，尤其适合于模拟复杂几何形状、边界条件和参数的问题。第三，收敛速度与问题的维数无关，不受系统多维、多因素等复杂性的限制，是解决复杂系统粒子输运问题的好方法。误差也易确定。

从这个意义上讲，M-C 方法可以部分代替物理实验，甚至可以得到物理实验难以得到的结果。用 M-C 方法解决实际问题，可以直接从实际问题本身出发，而不是从方程或数学表达式出发。它具有直观、形象的特点。

对于一般计算方法，要给出计算结果与真值的误差并不是一件容易的事情，而 M-C 方法则不然。根据 M-C 方法的误差公式，可以在计算所求量的同时计算出误差。对于很复杂的 M-C 方法计算问题，也是容易确定的。

4.4.2　M-C 方法的缺点

M-C 方法也有缺点，一是收敛速度慢，二是误差具有概率性。其概率误差正比于抽样粒子个数，若单纯以增大抽样粒子个数来减小误差，就要增加很大的计算量。

M-C 方法一般不易得到精确度较高的近似结果，且对于维数少（三维以下）的问题，不如其他方法好。

M-C 方法近年在模拟辐射输运过程中的应用之所以能够迅速发展起来，主要有三个方面的因素：一是量子理论的发展为我们提供了粒子与物质相互作用的截面数据；二是由于粒子的多次散射带来的问题的复杂性，使我们没有更好的方法来研究粒子传输的问题；三是计算机的迅速发展。而现在已有人将数值方法与 M-C 方法联合起来使用，克服这种局限性，并取得了一定的效果。

4.5　M-C 方法的收敛性和误差

M-C 方法作为一种计算方法，其收敛性与误差是人们普遍关心的一个重要问题。

4.5.1　概率论及数理统计的基础知识

概率即某事件发生的可能性的值。

随机变量是指变量的值无法预先确定，仅以一定的可能性（概率）取值的量。它是由于随机而获得的非确定值，是概率中的一个基本概念。例如，某一时间内公共汽车站等车乘客人数，电话交换台在一定时间内收到的呼叫次数等，都是随机变量的实例。

概率分布是概率论的基本概念之一，用以表述随机变量取值的概率规律。

随机抽样为按照随机的原则，即保证总体中每个单位都有同等机会被抽中的原则抽取样本的方法。例如，抽签就是随机抽样的一个实际例子。

4.5.2　收敛性

有了以上的概率论及数理统计的基础，我们来讨论一下 M-C 方法计算结果的收敛性。

M-C 方法计算结果收敛的理论依据来自于大数定律，且结果渐进地服从正态分布的理论依据是中心极限定理。这类属性都是渐进性质，要进行很多次抽样，此属性才会比较好地显示出来。该原理在理论上意义重大，但由于我们一般遇上的 M-C 问题都是收敛的、结果也都是渐进正态分布，所以工作中可以不加考虑。

4.5.3 误差

下面讨论 M-C 方法计算结果的精确度。

关于 M-C 方法的近似值与真值的误差问题，概率论的中心极限定理给出了答案。该定理指出，如果随机变量满足一定的条件，模拟次数越多，误差越小。

在进行模拟实验时，我们都希望得到的实验结果尽可能地逼近真实值，也就是误差尽可能的小。M-C 方法的误差主要是由模拟的次数决定的，而与样本中元素所在空间无关，即 M-C 方法的收敛速度与问题维数无关。

由此，对于降低方差的各种技巧方法，引起了人们的普遍注意。一种方法的优劣，需要由方差和观察一个子样的费用（使用计算机的时间）来衡量。降低方差有各种技巧，常用的有重要抽样法、分层抽样法、关联抽样法、系统抽样、对偶变数、半解析方法和统计估计等。一般说来，这些方法虽减小了方差，却增加了费用。例如，加权法、统计估计法，虽比直接模拟法减小了方差，却使每个粒子的运动链长增加，或记录贡献的计算时间增加。因此，不能认为方差小的方法一定好，要从方法的效率全面考虑。在有些情况下，直接模拟法仍是被广泛使用的方法。

4.6 核科学技术中使用的 M-C 通用程序

M-C 方法的使用必然离不开计算机程序，建立完善的通用 M-C 程序可避免大量的重复性工作，并可在程序的基础上开展对于 M-C 方法技巧的研究以及对于计算结果的改进和修正的研究，而这些研究成果反过来又可以进一步完善 M-C 程序。

通用 M-C 程序通常具有以下特点：具有灵活的几何处理能力、参数通用化，使用方便、元素和介质材料数据齐全、能量范围广，功能强，输出量灵活全面，含有简单、可靠又能普遍适用的抽样技巧，具有较强的绘图功能。

近几十年来，随着 M-C 方法研究的深入和应用范围的扩大以及计算机的发展，各种应用于核科学技术的 M-C 程序纷纷问世，如 FLUKA、PENELOPE、SHIELD、EGS4、ETRAN、ITS、MCNP 和 GEANT4 等，这些程序各有特点，大多都经过多年的发展，花费了上百人的工作量。除欧洲核子研究中心（CERN）发行的 GEANT 主要用于高能物理探测器响应和粒子径迹的模拟，多数程序都深入到低能领域，并得到广泛应用。从电子和光子的模拟来看，这些程序可以分为两个系列：EGS4、FLUKA、GEANT 和 SHIELD 为一个系列，ETRAN、ITS、MCNP 和 PENELOPE 为另一个系列。EGS4 和 ETRAN 分别为两个系列的基础，其他程序都采用了它们的核心算法。

下面将详细介绍 M-C 程序。

4.6.1 PENELOPE

由西班牙学者开发的 PENELOPE（Penetration and Energy Loss of Positrons and Electrons）是模拟电子 - 光子簇射的 M-C 软件包（F.Salvat，1996），是一个公开程序，可以在网上得到。能量范围为 1 keV ～ 1 GeV；有很全面的数据库，自然界中存在的 92 种元素和由其组成的近 300 种常用材料的有关信息，都有现成的数据可调用，对这 300 种以外的材料，可以自己生成数据；还有一个灵活可变的几何软件，运行该几何软件可以生成任何可以用二次曲面表示的几何体的组合；除此之外，它还有强大的计算功能，对于有复杂结构物体的剂量分布，通过一次计算就可以全部得出。整个软件主要由三个程序包和一个数据库组成。

模拟程序包 该程序包是软件的核心，即主体程序，由几十个子程序组成，模拟电子 - 光子在介质中的运动历史。

几何程序包 该程序包主要是解决由于介质的整体不均匀性给电子模拟带来的困难。用它可以检验径迹是否跨界面，自动实现模拟的几何要求。

材料程序包 该程序包由辅助程序 MATERIAL 和若干子程序组成，实现从材料数据库中提取相关原子的相互作用数据，形成反映介质各种特性的材料数据文件。

数据库 该数据库除包含序号 1 ～ 92 元素的相互作用截面和核外电子层数据，还附有包括 92 种元素在内的近三百种不同材料的组成数据。

自从 1996 年的 PENELOPE 版本发布以来，由于其物理模型合理、使用方便（可以在普通微机上使用）而获得使用者的青睐。其后，作者又经多次修改与完善，PENELOPE 的 2006、2010 版本的推出，不仅适用的入射粒子能区有所扩展，对整个软件包的框架结构也作了改进，使用更加方便，对于初学者普遍感到困难的几何软件包的编译，PENELOPE 处理得也很好，一般经过不长时间的训练，就可以构建多达近百个几何体的复杂几何系统。对于使用者更为头痛的电子在介质中多次小角度的相互作用，直接模拟要耗费大量时间，PENELOPE 软件包采用混合的 M-C 模拟方法，把电子与物质的相互作用区分为硬、软碰撞，仅对硬碰撞进行详细模拟，对软碰撞用多次散射理论模拟，这样可以相应缩短机时，提高计算效率；同时，混合模拟使介质中界面的处理也变得十分容易，当电子在两次硬碰撞之间遇到界面时，自动调整步长，使电子停止在界面处，调用新材料的有关信息后，再继续模拟下一次碰撞，这样处理在程序上容易实现，对复杂几何体的模拟也能得到比较准确的结果。

4.6.2 MCNP

MCNP（Monte Carlo N-Particle Transport Code）是由美国橡树岭国家实验室（Oak Ridge National Laboratory）开发的模拟中子、光子和电子输运过程的通用 M-C 计算程序，其早期版本中并不包含对电子输运过程的模拟，只模拟中子和光子，最新的版本 MCNPX 对原有程序进行了扩展，几乎可以模拟所有粒子。

4.6.3 ETRAN

ETRAN（Electron Transport）由美国国家标准局辐射研究中心开发，主要模拟光子和电子，能量范围为 1 keV ～ 1 GeV。

4.6.4 ITS

ITS（The Integrated TIGER Series of Coupled Electron/Photon Monte Carlo Transport Codes）是由美国圣迭戈（San Diego）国家实验室在 ETRAN 的基础上开发的一系列模拟计算程序，包括 TIGER、CYLTRAN、ACCEPT 等，它们的主要差别在于几何模型的不同。

4.6.5 FLUKA

FLUKA（FLUktuierende KAskade）是由欧洲核子研究中心（CERN，法文 Conseil Européenne pour la Recherche Nucléaire，英文 European Organization for Nuclear Research）开发的大型 M-C 计算程序，能精确模拟 63 种不同粒子的传输和相互作用，包括能量为 1 千电子伏特到数千太电子伏特的光子和电子、任何能量的中微子和 μ 介子、能量高达 20 太电子伏特的强子（若连接 Dpmjet 程序，最高可达 10 拍电子伏特）、所有粒子的对应反粒子、能量低于热中子的多群中子、重离子。该程序也能模拟输运偏振光子（如同步辐射）和可见光子。自 20 世纪 70 年代开始研制至今，经逐步完善和发展，该程序已汇聚了几百人的工作量。它的第一代版本（1962 ～ 1978）主要用于 CERN 的 SPS 工程高能质子的模拟；在 1978 年这项工程完成之后，CERN 的 Graham Stevenson 等开始对该程序进行了重新设计和改造，极大地提高了程序的可模拟范围和模拟精确度，包括增加了可模拟材料的种类和几何结构的复杂性、引进 EGS4 程序的光子和电子的输运模型，并且对低能电子的输运算法进行了改进、加入带电强子在磁场中的输运等。此后又发展产生了第三代版本（1989 至今），现被广泛应用在：质子和电子加速器的屏蔽设计、热量测定、活化、放射量测定、探测器设计、加速器驱动系统、宇宙射线、中微子物理、放疗法等。该程序是公开程序，用户可从 FLUKA 的官方网站（www.fluka.org）获取，目前最新版本为 FLUKA 2006，可运行在 LINUX、UNIX、SunOS 系统下。

4.6.6 EGS

EGS（Electron-Gamma Shower）是通用程序包，由美国斯坦福直线加速器中心提供，用 M-C 方法模拟在任意几何中的电子–光子簇射过程，能量从几千电子伏特到几太电子伏特。EGS 于 1979 年第一次公开发表并提供使用。EGS4 是 1986 年发表的 EGS 程序的版本，在医用加速器的设计上应用较多。BEAM 是在 EGS4 基础上为放射医学的剂量模拟和医用加速器设计的一套专用程序，在肿瘤放射治疗的剂量设计中得到广泛的应用。

4.7　M-C 方法的应用及发展

1995 年后，我国开展了 M-C 方法的研究，各学科的渗透也逐步深入。这些年来我国在核科学、侦控技术、地质科学、医学统计、随机服务系统、系统模拟和可靠性等方面解决了大量实际问题，取得了很多成果，这些都和 M-C 方法有着密切的关系。

M-C 方法对计算机科学的发展也起了一定的促进作用。例如，在计算机体系设计中，越来越广泛地采用概率统计思想方法，这样就需要对各种不同方案进行统计分析和模拟对比。M-C 试验可代替设计中的部分试验，节省设计工作量和实验费用。

M-C 方法的优点，也使其应用范围越来越广。应用范围主要包括：粒子输运问题、统计物理、典型数学问题、真空技术、激光技术以及医学、生物、探矿等。随着科学技术的发展，其应用范围将更加广泛。

M-C 方法在核科学技术中的应用范围主要包括：实验核物理，反应堆物理，高能物理等。M-C 方法在实验核物理中的应用范围主要包括：通量及反应率，中子探测效率，光子探测效率，光子能量沉积谱及响应函数，气体正比计数管反冲质子谱，多次散射与通量衰减修正等。

  M-C 方法在反应堆物理方面也有许多应用。例如，反应堆的防护设计，可以根据堆芯以及外围部分辐射的强弱设计不同厚度的防护墙。局部辐射特别强的部件周围还要外加上局部屏蔽。另外，反应堆的控制也要精确计算，各种运行状态都要稳定可靠，如反应堆运行、检修和事故时都要保证周围工作人员的安全，而这一切没有大量精确的计算是无法实现的。

4.8 计 算 实 例

4.8.1 NaI 碘化钠探测器

  以 PENELOPE 模拟电子－光子簇射的 M-C 程序为例，模拟核物理测量中常用碘化钠探测器。PENELOPE 的主程序框图如图 4-2 所示。

  碘化钠探测器的主体是碘化钠晶体，呈圆柱体，外层是铝壳，里面还有一层二氧化硅光导。当辐射进入探测器时，与碘化钠晶体相互作用，导致发光，经过光导耦合到光电倍增管形成电脉冲，电脉冲幅度正比于入射粒子能量，经仪器按能量记录下来就形成入射能谱。用 M-C 方法计算可得到许多有关信息，如入射粒子的能谱、碘化钠的探测效率等。也可以选择对不同大小和形状的碘化钠晶体进行模拟，以满足不同能量和强度的粒子探测的需要；或者对不同的入射粒子和不同能量、入射方向的粒子进行模拟，得到某个碘化钠探测器的探测效率。总之，用 M-C 模拟碘化钠晶体对碘化钠探测器的设计和使用有很大的参考价值。

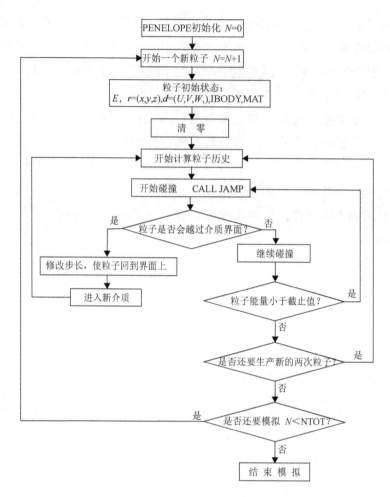

图 4-2　PENELOPE 的主程序框图

下面对用PENELOPE模拟碘化钠晶体的输入文件和几何文件作一些说明。

图 4-3 是 PENELOPE 几何文件描述 3 英寸碘化钠晶体的结构示意图。由数字 1 ～ 8 构成，其中，8、1、2、4 是五个平面，3、5、7 是三个圆筒。数字间填的是不同材料，如圆筒 7 和圆筒 5 之间是铝，构成铝壳；圆筒 3 内部填的是碘化钠晶体；平面 1 和平面 8 之间是圆筒的底，填的材料是二氧化硅，也就是玻璃，作为光导；平面 2 与平面 4 是圆筒的盖，填的是铝。

材料文件的构成较为简单。PENELOPE 的材料库里有元素周期表中所有元素的数据，若用到的材料由单元素组成，直接取用材料库的内容；若是化合物（如 SiO_2）或混合物，则要按构成元素的配比生成。图 4-4 是碘化钠晶体的 PENELOPE 输入文件。

```
                    I Z-轴
                ... NaI   #1
7++54444444444444444444444444444445++7        +++ Al   #2
7++5+++++++++++++++++++++++++++++5++7       ══ 玻璃   #3
7++5—32222222222222222222222223—5++7
7++5—3.                        3—5++7
7++5—3.                        3—5++7
7++5—3.                        3—5++7
7++5—3.                        3—5++7
7++5—3.                        3—5++7
7++5—3.                        3—5++7
7++5—3.                        3—5++7
7++5—3.                        3—5++7
7++5—3.                        3—5++7
7++1111111111111111111111111111111++7      ══ X-轴
7 ═══════════════════════════════ 7
```

图 4-3　3 英寸碘化钠晶体的 PENELOPE 几何文件

```
C1   TITLE:(PEN NaI INPUT DATA FILE. /)
C2   KPAR:(1) /1 FOR ELECTRONS,2 FOR PHOTONS,3 FOR POSITRONSI
C3   SOURCE POSITION=(0.0000E+00, 0.0000E+00, 6.5200E+00)CM
C4   BEAM DIRECTION=(−180.00E+00,−180.00E+00)DEG
C5   BEAM APERTURE=(12.0000E+00)DEG
C6   ENERGY=(1.0000E+06)EV
C7   NUMBER OF DIFFERENT MATERIALS=(3) /.LE.3/
C8+  HFPMAX=(1.0000E-03)CM
C9   ABSORPTION ENERGIES=(1.0000E+05, 1.0000E+03, 1.0000E+05)EV
C10  C1=(0.0500E+00), C2=( 0.0500E+00)
C11  WCC=(5000.0E+00)EV, WCR=(1000.0E+00)EV
C12  NUMBER OF TRAJECTORIES DESIRED=(9999), TIME=(999999)SEC
C13  RANDOM SEEDS=(12345, 54321)
C14  PENELOPE'S INPUT FILE:(PENDOSES.MAT)
C15  GEOMETRY DEFINITION FILE:(PENDOSES.GEO)
```

图 4-4　碘化钠晶体的 PENELOPE 输入文件

对第 1 ～ 15 列的内容作如下说明。

第 1 列是题目；第 2 列是选择入射粒子为：1 是电子，2 是光子，3 是正电子；第 3 列是入射粒子的入射位置；第 4、5 列是入射粒子的入射方向；第 6 列是入射粒子的能量；第 7 列是被入射的物质有几种材料；第 8 ～ 11 列是一些可选择参数，不需经常变化，在作同一个计算时不能变化；第 12 列是模拟的粒子数 9999 个，限制模拟时间不超过 999999 秒；第 13 列是随机数生成时需要的参数；第 14、15 列是几何文件与材料文件的名字。

得到的计算结果放在输出文件中（图 4-5）：

```
**************************************
**   PROGRAM PENDOSES. RESULTS.   **
**************************************

CALCULATION TIME .......................    14 sec
SIMULATION SPEED ......................  7.35E+02 showers/sec

SIMULATED PRIMARY PARTICLES ......................  9999

RANDOM SEEDS = 1236555125 , 1837751203

EMERGING PRIMARY PARTICLES ........................  2842
ABSORBED PRIMARY PARTICLES ........................  7157

SIMULATED SECONDARY PARTICLES:
        ++++++++++++++++++++++++++++++++++++++++++++
        + ELECTRONS +  PHOTONS  + POSITRONS +
++++++++++++++++++++++++++++++++++++++++++++++++++++++++
+  EMERGING  +    54   +   601   +    0   +
++++++++++++++++++++++++++++++++++++++++++++++++++++++++
+  ABSORBED  +   2808  +   4830  +    0   +
++++++++++++++++++++++++++++++++++++++++++++++++++++++++


FRACTIONAL ESCAPE ..................  2.8963E-01 +/-1.4E-02

FRACTIONAL ABSORPTION .............  7.1577E-01 +/-1.4E-02

MEAN NUMBER OF EVENTS PER PRIMARY TRACK:

  ** EMERGING PARTICLES:
  ARTIFICIAL ELASTIC EVENTS .......  1.3109E+02 +/-3.0E+00
  HARD ELASTIC COLLISIONS .........  1.2280E+02 +/-2.8E+00
  HARD INELASTIC COLLISIONS .......  6.5616E+00 +/-2.0E-01
  HARD BREMSSTRAHLUNG EMISSION ....  2.0162E-01 +/-2.5E-02

  ** ABSORBED PARTICLES:
  ARTIFICIAL ELASTIC EVENTS .......  4.6221E+02 +/-3.6E+00
  HARD ELASTIC COLLISIONS .........  4.4608E+02 +/-3.5E+00
  HARD INELASTIC COLLISIONS .......  1.4137E+01 +/-1.3E-01
  HARD BREMSSTRAHLUNG EMISSION ....  5.5261E-01 +/-2.5E-02

AVERAGE DEPOSITED ENERGIES (PER PRIMARY TRACK):
  BODY  1 .......................  6.6828E+05 +/-9.7E+03 eV
  BODY  2 .......................  1.6991E+05 +/-4.5E+03 eV
  BODY  3 .......................  1.9234E+02 +/-1.7E+02 eV
  BODY  4 .......................  0.0000E+00 +/-0.0E+00 eV
```

图 4-5　碘化钠晶体的 PENELOPE 输出文件

图 4-5 表明，在 3 英寸碘化钠晶体中入射 9999 个能量为 1 兆电子伏特的电子，模拟它们的输运过程共花费 14 秒，2842 个电子最后穿透了晶体，7157 个电子被晶体吸收；平均对每个电子，晶体吸收能量 0.66828 兆电子伏特，顶部铝壳吸收能量为 0.16991 兆电子伏特，铝壳壁吸收能量 0.19234 千电子伏特，玻璃光导没有吸收到能量。在结果中对每个入射电子的碰撞过程按照被吸收和穿透的两种情况也有列表分析。结果中还提供了各种能谱（略）可供进一步分析。

4.8.2 钴源补充源棒计算

钴源是一种常用的辐照装置，^{60}Co 核素的每次衰变发射两条能量分别为 1.17 兆电子伏特和 1.33 兆电子伏特的 γ 射线，广泛应用于各种产品的 γ 射线辐照。钴源辐照装置的放射性强度为数十万居里至数百万居里。^{60}Co 的半衰期是 5.271 年，即每年损失源强约 12.3%。为确保加工能力的稳定性，需定期补充钴源棒，一些大型钴源需每年补充两次源棒（钴源棒尺寸为 Φ11.1 毫米 ×451 毫米，是一系列钴圆柱装在双层不锈钢夹套中，一根新源棒的放射性强度有一万多居里）。源棒放置于钴源栅板上，新老源棒在栅板上的排列位置，需作计算以保持源板对整个辐照空间照射均匀。移动源棒的过程，称为"倒源"，目前，倒源还靠人工操纵机械手完成，所以希望需作移动的源棒越少越好。

我们使用 M-C 方法的 PENELOPE 程序事先计算各种换源方案。计算过程如下：

选择输运粒子为光子，平均能量为 1.25 兆电子伏特（^{60}Co 的 1.17 兆电子伏特与 1.33 兆电子伏特 γ 射线各占 50% 比例，可取其平均值 1.25 兆电子伏特，以简化计算）；模拟的介质为钴、钢、空气；几何形状有圆柱、圆柱套、平面，几何体为这些形状组成的源板、源棒、辐照室、被辐照物体（吸收体）等。先选择一种源棒排列方式，在离源板一定距离设置吸收体。在模拟几百万次 γ 射线（每次 γ 射线是从哪根源棒发出由抽样决定）的历史后，记录积累在吸收体中的能量分布看是否符合均匀度要求，否则就重新排列，直至在吸收体的各部位的能量分布符合均匀度要求为止。

还可用 M-C 方法计算钴源辐照的工艺流程。辐照产品箱装在悬垂式吊架内，由传输链以一定速度送入辐照厅，吊架进入辐照工位（源板两侧的吊架通道）后，由称为"疏密机构"机械结构使吊架在一个辐照位置停留一定时间（＝吊架节距／链速），再被后来的吊架推入下一辐照位置，如此一步步地走完所有辐照工位。用 M-C 方法模拟计算产品箱内的剂量分布，可设计出合理的辐照流程，提高辐照质量，并极大地节省试验时间。

4.8.3 空间飞行器的抗辐射计算

空间飞行器处于空间辐射环境中，其抗辐射屏蔽设计必不可少。又由于空间飞行器在轨的时间和轨道的高低不同，所以飞行器的抗辐射屏蔽又有其复杂性。

以太阳同步轨道卫星而言，运行轨道处于离地面 800 公里的俘获辐射带，其空间辐射主要由小于 400 兆电子伏特的质子和小于 3.5 兆电子伏特的电子组成。

运行在太阳同步轨道的卫星的辐射环境对卫星产生的效应有总剂量效应、单粒子效应和充放电效应。这里简单介绍这几个效应的意义。总剂量效应指的是，由于射线在物质中损失能量并导致物质电离，使物质原子和分子的性质发生改变的总体效应，可能会引起飞行器发生外壳性能变差、寿命缩短等后果。单粒子效应则不然，总辐射剂量可以很小，但是如果粒子打到航天器的关键部件上，使数码设置状态发生翻转，就有可能会发生电脑死机、光电器件损坏等，这种损伤可能是无法修复的永久损伤。这是空间飞行器失效的重要原因，我国的"风云一号"卫星，就因为单粒子效应，在发射后不久就与地面失去联络，变成漂浮在天空的垃圾。充放电效应，是飞行器外壳带电后会产生放电，从而会影响飞行器的正常运行。三个效应中前两个效应对飞行器的影响较大，尤其是单粒子效应。

解决空间飞行器的屏蔽即抗辐射，遇到很多困难，首先是复杂多变的辐射环境，除了不同轨道高度有不同的辐射能谱外，还有变动的因素，如太阳黑子爆炸、空间电磁场变化等。还有飞行器本身的复杂性，如卫星的外壳本身就是由几十层材料复合起来的，卫星内部的载体结构形状、性质各异，数量多达上百种。最困难的是卫星上不同部位对屏蔽的要求不同，有的对抗辐射有特殊要求，如仪器盒、电脑等。如何对这样一个复杂的系统进行屏蔽设计呢？

M-C 方法在这里遇到了挑战。尽管原则上说 M-C 方法最大的优点是处理复杂的几何问题，但是如果将卫星的每一个部件都进行详细模拟，显然是不可能的。

所以，首先要建立一个合理的简化模型，将卫星整体按照对辐射的敏感程度分成几个等级，对要求高的部位进行详细模拟，而对其他部位作简化处理。例如，对卫星外壳，作为一层材料处理，而这个材料是将实际多层复合材料进行等效而得到的。

此外，模拟的物理模型，是按照不同辐射效应选取不同的模型，对总剂量效应主要计及带电粒子的电离能损，而单粒子效应则往往由非电离能损引起的。这里顺便提一下，带电粒子在物质中引起的能量损失，99% 是电离能损，而 1% 是非电离能损。虽然非电离能损的份额很少，但是其引起的损伤往往是永久的，不易修复，所以对半导体、光电器件、电脑芯片等主要考虑非电离能损影响的器件，往往要加以特殊防护，防止其受到辐射伤害。

要采用的程序分别为 PENELOPE 和 SHIELD，PENELOPE 模拟空间能谱中的电子，SHIELD 模拟空间能谱中的质子。

这项工作的特点是把复杂的卫星整体和它周围的太空环境组成一个系统，进行一次 M-C 模拟就可得到所需的结果，避免了多次模拟带来的误差，可靠性高；缺点是系统太大，建模和计算工作量大。

对于个别特别重要的部位采用了多次接连模拟，前一次模拟到该部位止，取出其出射能谱作为下次模拟的输入能谱入射该部位。

同类的工作还有加速器、同步辐射装置等的辐射屏蔽 M-C 模拟。

4.8.4 电子束在多层材料中的背散射效应

电子束在多层材料中的背散射效应，尤其是电子束穿透轻质材料到达重材料时，背散射效应更显著。在两种材料的边界上，深度剂量曲线有突变。图 4-6 是 300 千电子伏特电子束在多层异质材料（CTA、Al、Ge、Mo 和 W）中的剂量深度分布。薄膜剂量片 CTA 由轻质材料组成，下面的材料变重，边界上的电子束剂量深度分布曲线就断开，材料越重，断开程度越甚，即在CTA 中的深度剂量曲线部分被抬高了，钨比铝抬高得多。而在衬底材料区中，钨的剂量分布最小，钼其次，而 CTA 最大。这说明重材料衬底将会反射电子束。

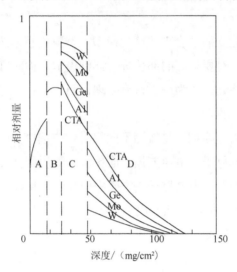

图 4-6　300 keV 电子束在多层异质材料中的剂量深度分布

A: 空气；B: 钛窗；C: CTA 薄膜；D: 不同背散射材料

4.8.5　中子发生器的屏蔽计算

模拟条件是：中子发生器以水平方向成 30° 发射 14 兆电子伏特的单能中子，中子靶室周围用聚乙烯作为屏蔽物，假定中子间的相互作用可以忽略。

需要考虑的物理过程是中子与聚乙烯分子的弹性碰撞、非弹性碰撞和俘获吸收。对不同厚度和不同形状的聚乙烯作为屏蔽体，模拟了中子穿透屏蔽体的概率，得到的结果是随着聚乙烯厚度的增加，中子的穿透率和反射率均减小，此计算为中子发生器的屏蔽设计提供了依据。

4.8.6　医用加速器的均整器设计

医用直线加速器的电子束能量通常是 4 ～ 20 兆电子伏特，电子束打在重金属靶（钨、钼）产生的 X 射线（轫致辐射加靶元素的特征 X 射线）。

所产生的 X 射线是连续能谱，最大能量为电子束能量，平均能量为最大能量的 1/3 左右。这样的 X 射线需用均整器进行修正其能谱，使其在治疗处为满足一定平坦度和对称性要求的剂量分布，才可以用于临床治疗。各种能量的 X 射线在透过不同物质时的衰减程度不同，发生光电效应、康普顿效应或电子对效应等的概率不同，所以均整器需做成有一定几何形状及一定厚度的板，使经过均整器后的 X 射线束在模体中有均匀的剂量分布，均整器的材料选取以及几何参数的设置已成为一个值得研究的问题。

结语

　　M-C 方法作为一种模拟统计方法，已经被广泛地应用于各个领域，特别是在核科学技术中，M-C 方法的应用有着特别重要的意义，解决了很多实验、理论、设计和研制方面的问题。由于受物理条件的限制，为了得到所求结果，必须借助于理论计算。M-C 方法具有逼真地描述真实的物理过程的特点，在一定意义上讲，它可以部分代替物理实验，因而成为解决实验核物理中实际问题的非常有效的工具。所以，在学习核科学知识的同时，了解 M-C 方法是非常必要的。目前，M-C 方法在微剂量学方面的应用正在成为分子生物学的一种研究手段。

第五章

粒子加速器

在核科学技术领域中，研究对象是微观世界，原子核和各种基本粒子的尺度都很小，但是涉及的能量却往往很大。这是因为构成原子核的基本粒子彼此结合得相当紧密，要研究核的性质，就要用同样尺度很小的、具有很大能量的基本粒子炮弹去轰击，才能将核打碎，或者与其发生反应。而要制造炮弹，首先要选择合适的基本粒子并将其加速，这种制造炮弹的装置就是粒子加速器。

针对各种不同的用途，发展了各种粒子加速器，按照被加速的粒子类型区分，有电子加速器、质子加速器、中子发生器等；按照被加速粒子的能量区分，有低能、中能和高能粒子加速器；按照粒子运动的轨道来区分，有直线加速器、回旋加速器、环形和复合型加速器等；按照加速粒子的原理来区分，有高压型、感应电场型和射频电场型等。它们多数是体积庞大的设备。

最早的粒子加速器是伦琴使用的阴极射线管，将电子加速到 0.1 兆电子伏特，并发现了 X 射线。而后，各种天然放射源可提供几兆电子伏特的粒子束。1932 年，在卡文迪许实验室，沃尔顿和科克罗夫特巧妙地把高压变压器、电压倍增回路和整流管安装在一个系统里，建成了能产生 60～80 万伏特的高压加速装置。他们把加速后的质子射向锂靶，在硫化锌屏上观察到了明亮的闪烁现象。高能质子与锂核产生核反应，生成两个氦原子核，即 α 粒子。这是人类第一次用人工方法使原子核发生蜕变。这个反应释放的巨大核能为验证爱因斯坦质能关系提供了第一个重要的实验依据。这个实验是科学史上的一个里程碑，促进了加速器的发展，为原子核物理提供了重要实验手段。沃尔顿和科克罗夫特因此获得 1951 年的诺贝尔物理学奖。

高压倍加器是静电型加速器，另一种是回旋加速器，它利用稳定磁场使带电粒子做圆周运动，再利用磁场内电极间高频交变电场使带电粒子逐次加速。1929 年，美国加州大学伯克利分校的劳伦斯首先提出了获得高速带电粒子的磁共振加速法，也就是回旋加速器的原理。1930 年，制成了第一台回旋加速器，几年后又建造了一台直径为 25 厘米的回旋加速器，被加速的带电粒子能量可达 1 兆电子伏特，可加速的带电粒子有质子、氘核和 α 粒子。回旋加速器不仅提供了比当时静电加速器更高能量的粒子束，更重要的是这种加速方法将一个恒定的均匀磁场和频率固定的交变振荡电场恰当地结合起来，使带电粒子逐步加速，并沿着半径不断增大的圆形轨道运动，为今后各种高能加速器的研制提供了思路。劳伦斯因此获得了1939年诺贝尔物理学奖。

1960年，回旋加速器和同步加速器的发展，采用相位稳定性原理，使加速能量提高了10万倍，伯克利的质子同步加速器能量达6吉电子伏特，苏联杜布纳联合核子研究所的达10吉电子伏特。回旋加速器的带电粒子在圆形轨道中的运动速度提高除了受相对论效应的限制外，还受到辐射能量损失的影响。电子不用说，即使低能电子也有明显的相对论效应和辐射损失；对质子而言，在低能时相对论效应和轫致辐射均可忽略，但质子能量超过25兆电子伏特时，这些效应都不能忽略了。1960年左右，磁铁设计产生根本性改革，利用强聚焦原理制成的变梯度同步加速器，使环形质子加速器的能量突破了10吉电子伏特大关。这种相位稳定技术和强聚焦技术既可用于电子加速器也可用于质子加速器。

还有一种是直线加速器，采用高频共振原理加速带电粒子，最有名的是美国斯坦福大学的SLAC电子直线加速器，长2英里，电子束能量为50吉电子伏特。1966年建成后，为基本粒子研究做出举世瞩目的贡献，其高能物理学家获1976年、1990年、1995年诺贝尔物理学奖。

为进行更高能量物理研究，20世纪60年代初，对撞机诞生于苏联新西伯利亚核物理研究所（现为Budker核物理所，Gersh I. Budker，1918～1977，核物理学家，苏联科学院院士，还发明了离子束的电子束冷却技术）和美国中西部大学联盟（Midwestern Universities Research Association，1967被约翰逊总统下令解散）。前文所述加速器，都是固定靶——用一束粒子流轰击静止的靶。随着加速能量的提高，此类加速器浪费的能量也提高，例如，100吉电子伏特的质子加速器浪费的能量高达85%。对撞机是两束粒子相互碰撞，十分有效地提高了核反应事件的能量。

当前，世界上能量最高的加速器是大型强子对撞机（Large Hadron Collider，LHC），位于瑞士和法国边界，由欧洲核子研究中心建造，作为国际高能物理学研究之用。LHC是一个国际合作的计划，由34个国家超过

2000 位物理学家所属的大学与实验室共同出资合作兴建。

LHC 包含一个圆周为 27 公里的圆形隧道，位于地下 50～150 米。隧道直径为 3 米，贯穿瑞士与法国边境。加速器隧道中主要放置两个质子束加速环，环中的质子以相反方向运行，各加速至 7 太电子伏特，在对撞点发生对撞，能量达 14 太电子伏特之巨。在质子注入射到主加速环前，先经过一系列预加速设施，逐级提升能量。其中，由两个直线加速器所构成的质子同步加速器产生能量为 50 兆电子伏特质子，接着质子同步增强器将质子能量提升到 1.4 吉电子伏特，再由质子同步加速环提高到 26 吉电子伏特，最后超级质子同步加速器可提升质子的能量到 450 吉电子伏特，注入主加速环。

现在，世界上小型低能加速器已超万台，其中 65% 是电子加速器。加速器应用到各个领域，除在科学研究领域作为认识微观世界的强大实验手段，用于探索核的性质、发现新的粒子、制备新的同位素、合成新元素外，还广泛应用于工业探伤、材料改性、涂料固化、精细加工等方面。特别是基于加速器的各种分析方法，对于材料和样品中微量元素的含量分析，不需要破坏样品的表面结构，具有无损、快速、正确等特点，是其他方法不可替代的。在农业方面，用加速器辐照植物种子，经过几代培养与筛选，获得水稻、棉花、玉米等优良品种。电子加速器在治疗肿瘤方面的发展也很快。

发展中的加速器是多种加速器和其他装置的组合，如串列加速器、正负粒子对撞机、同步辐射装置、重离子加速器、散裂中子源等。这些大型加速器堪称大科学工程，可以在多门学科领域中得到应用。

5.1 电子加速器

加速器的基本构成是：① 电子枪或者离子源；② 加速器主体，加速电场、控制磁场、真空系统；③ 束流系统，束流引出、扫描、束下装置；④ 控制系统。

电子加速器包括静电加速器、电子感应加速器、电子回旋加速器、电子同步加速器和电子直线加速器等。

　　静电加速器是用静电电荷积累产生高压来加速电子的低能加速器，1933年由美国麻省理工学院范德格拉夫（1901～1967，1960年创建高压工程公司）发明，优点是加速粒子的能量在较大范围内连续可调，能量稳定性好，易改造，用来加速其他粒子。但是，加速粒子的束流小（几百微安），主要用于科学研究。

　　1940年后，先后诞生了能量为100兆电子伏特的电子感应加速器、电子同步加速器和直线加速器等。电子感应加速器的工作原理是，利用随时间变化的磁场产生的感应电场来加速电子，电子沿着圆形轨道随着磁场强度的增加而不断被加速。它可用于科学实验、工业探伤和医学治疗。电子同步加速器是一个环形加速器，磁铁呈环形，在磁极间隙中安置环状的真空室，电子在真空室轨道上运动，同时不断被磁场加速。随着电子能量的提高，辐射损失增加，限制了电子能量的进一步提高，这类加速器的束流小。

5.2　带能中子发生装置

　　中子不带电，不能用加速带电粒子的方法加速，所以产生带能中子的装置不叫加速器，我们姑且把它称为带能中子发生装置。下面就讨论产生带能中子的各种方法。

　　要进行中子研究，核心就是要有一个能量、强度适当的中子源，最早期使用的是放射性同位素中子源，如镭铍中子源，用 α 粒子与靶核的（α，n）反应，产生中子。其优点是中子源体积小，使用方便；缺点是中子束强度非常低，其应用十分有限。

　　目前，应用最为广泛的中子源是反应堆中子源，中子注量率为 $10^{13} \sim 10^{14}$ $n \cdot cm^{-2} \cdot s^{-1}$，高通量的研究性反应堆的中子注量率可达 $1 \times 10^{15} \sim 5 \times 10^{15}$ $n \cdot cm^{-2} \cdot s^{-1}$。但是，反应堆的中子能量并不是单一的，大部分处于低能范围，所以也需要基于加速器的中子源。

5.2.1　中子发生器

用低能加速器的带电粒子轰击靶核来产生中子，称为中子发生器。第一台中子发生器是高压倍加器，采用氘离子源，将氘离子加速到 400 千电子伏特，去轰击氚靶，发生核反应的产物是 α 粒子和能量为 14 兆电子伏特的中子，中子注量率接近 $10^9 \mathrm{n \cdot cm^{-2} \cdot s^{-1}}$。

14 兆电子伏特中子可进行一些低能核反应。可将离子源改造为脉冲离子源，则中子束就是脉冲化的。脉冲化中子束对于精密的核物理实验是非常重要的。

然而，氘打氚的核反应截面很低，所以核反应的能量利用率也很低，每产生一个中子需要消耗 10^4 兆电子伏特能量。此外，氚靶很贵。

5.2.2　散裂中子源

20 世纪 80 年代，诞生了一种新型的中子源——加速器驱动的散裂中子源。它用将质子加速到接近光速（约90%），并形成脉冲式质子束团，去轰击重元素靶（铅、钍、钨、汞或铀），使其产生散裂反应。什么叫散裂反应？散裂反应是高能质子把一个原子核打成三四块，同时产生不少中子，这些中子还会与相邻的靶核进行核反应而产生更多中子。这样，一个质子可产生 20 ～ 30 个中子。散裂中子源具有如下特点：

（1）可在较小体积内产生较高的中子通量。

（2）散裂中子源的脉冲特性是由加速器决定的，因此其脉冲化对于中子通量并不造成损失，脉冲化如配以飞行时间技术，就具有很高的时间分辨性能，对于开展材料和生命科学研究，包括中子核物理及一些动态特性的研究是非常关键和非常重要的。

（3）其中子能谱从电子伏特到几百兆电子伏特，极大地扩展了中子科学研究的范围。

现有散裂中子源有：

（1）英国的 ISIS（1986 年建成于卢瑟福·阿尔普顿国家实验室），用同步加速器获得 800 兆电子伏特质子束，流强为 200 微安，束功率为 160 千瓦，脉冲束频率为 50 赫兹。

（2）瑞士的 SINQ（在 PSI 国家研究院），用环形回旋加速器获得 590 兆电子伏特质子束（连续束），流强为 1.2 毫安，束功率为 1.3 兆瓦，中子注量率接近 $10^{14} \, \mathrm{n \cdot cm^{-2} \cdot s^{-1}}$。

（3）美国的 SNS（在橡树岭），由劳伦斯·伯克利、洛斯·阿拉莫斯、杰弗逊、布鲁克海文、阿贡、橡树岭等六大国家实验室联合建造。图 5-1 为其平面布置示意图。SNS 用直线加速器将氢负离子加速到接近光速（90%），经剥离膜后变成质子，在累积环（accumulator ring）中成为质子簇团，以 60 赫兹脉冲频率轰击水银靶引起散裂反应，散裂中子可慢化成为各种实验所需的中子束，由中子导管射入相应的实验设备。SNS 于 2006 年启用，现有 25 套实验设施。

图 5-1　美国橡树岭散裂中子源的平面布置示意图（括弧内为负责研制的国家实验室）

中国散裂中子源已于 2012 年 10 月在广东东莞开工，将于 2018 年左右建成。第一期设计束流功率为 100 千瓦，脉冲重复频率为 25 赫兹。

21 世纪中子发生装置主流的发展趋势：一个是高通量研究性反应堆，另一个就是散裂中子源。这两个装置各有所长，在核科学和应用方面将会发挥更大的作用。

5.3　质子加速器

质子加速器最初是为了满足核物理研究的需要而发展起来的。第一台质子加速器是 1930 年劳伦斯在美国加州大学伯克利分校建造的回旋加速器，所加速的质子能量为 1 兆电子伏特。这是世界上第一台加速器，劳伦斯提出了带电粒子的磁共振加速法，把不变的均匀磁场和频率固定的交变振荡电场恰当地结合在一起，使带电粒子逐步加速，并沿着半径不断增加的圆形轨道运动。在此之前，带电粒子只能是利用天然的放射性源得到，但是这样的带电粒子种类少，而且能量不能选择，使放射性和核反应的研究受到很大的局限。劳伦斯的回旋加速器能加速质子、氘核和 α 粒子，用它们去轰击靶核，可以研究核的性质，也可以制造新的核素，如医用的放射性同位素。劳伦斯不断地改进他的回旋加速器，从磁铁的尺寸为 9 英寸，到 11 英寸、27 英寸，一直到 60 英寸，加速的质子能量也从 1 兆电子伏特增加到 8 兆电子伏特，他因此获得了 1939 年的诺贝尔物理学奖。

正当劳伦斯准备建造 100 兆电子伏特的加速器时，第二次世界大战爆发了。劳伦斯及其他准备建造质子加速器的实验室，仍然是按照劳伦斯的圆形轨道的思路来建造更高能量的加速器。但是，随着能量的提高，带电粒子的速度的相对论性变化以及圆形轨道带电粒子的辐射损失随着加速能量增加也增加，使能量的提高越来越困难。设计者们为此作了一些改进，利用相位稳定技术和强聚焦技术，将质子加速的能量提高到吉电子伏特数量级。

利用多级加速的技术，就是将质子预先加速，再注入主加速轨道进一步加速；同时采取质子对撞技术，使质子的能量加速到太电子伏特数量级。此时的质子加速器的尺寸已经不是劳伦斯时代的几十英寸了，世界上最大的质子对撞机 LHC 的隧道是 27 公里，埋在地下，可以加速的最高质子能量为 14 太电子伏特。

5.4 同步辐射装置

同步辐射是利用加速器加速粒子时产生的同步辐射光的装置，是核科学的一个重要成果，借助它不仅可以学到许多核科学技术知识，同时它又能提供一种先进的技术手段，可以服务于许多其他学科和技术门类。

5.4.1 同步辐射光源

同步辐射是速度接近光速的相对论带电粒子在磁场中运动方向改变时，沿轨道切线方向发射的电磁辐射。1947年，美国通用电气公司（General Electric Company）的一个研究所，为验证同步加速原理专门建造了一台能量为70兆电子伏特的电子同步加速器。利用它首次观测到了这种电磁波，并称其为同步辐射。同步辐射光源是产生同步辐射并利用同步辐射开展科学研究的科学装置，由产生同步辐射的电子加速器及发光器件（弯转磁铁、插入件）、传输同步辐射的光束线和利用同步辐射开展科学研究的实验站组成。

50多年来，同步辐射装置的发展已经历了三代。第一代同步辐射装置的电子储存环是为高能物理实验而设计的，只是"寄生"地利用从弯转磁铁引出的同步辐射，故又称"兼用光源"。第二代同步辐射装置的电子储存环则是专门为使用同步辐射而设计的，电子发射度从第一代同步辐射装置的几百 nm·rad 降低到50~150nm·rad，主要从弯转磁铁引出同步辐射，开始使用部分插入件提高光源的强度和能量范围。第三代同步辐射装置的电子储存环针对电子束发射度和大量使用的插入件进行了优化设计，使电子束发射度比第二代小得多（一般小于10nm·rad），特别有利于用波荡器等插入件引出高亮度、部分相干的准单色光，光谱亮度比第二代装置提高了几个数量级。第三代同步辐射装置根据其光子能量覆盖区和电子储存环中电子束能量的不同，又可分为高能光源、中能光源和低能光源。高能光源目前有三个：有美国阿贡国家实验室7吉电子伏特的 Advanced Photon

Source（APS）光源，日本的 Super Photon Ring-8 GeV（SPring-8）光源，欧洲的 6 吉电子伏特 European Synchrotron Radiation Facility（ESRF）光源。第三代同步辐射光源多集中在中能区，上海同步辐射装置（简称上海光源，Shanghai Synchrotron Radiation Facility，SSRF）的能量为 3.5 吉电子伏特，目前其能量位居世界第四，在中能光源中能量最高，所产生的同步辐射 X 射线优化在用途最广的能区。

光束线实验站就是同步辐射光源装置中利用光源储存环内弯铁或插入件产生的辐射开展实验研究的场所。因此每一个同步辐射光源储存环周围都会引出很多的光束线站，分别用于研究不同的特定领域。光源特性的差异将取决于插入装置（它反过来又决定了同步光的强度和辐射的光谱分布）的类型、光束调节设备和实验端站。

欧洲同步辐射光源 ESRF 是国际上第一台高能第三代同步辐射光源，于 1994 年建成投入运行，并经过十余年的后续建设，光束线站总数达到了 50 多条，成为国际上成果产出最高的同步辐射光源。ESRF 于 2009 年又启动了为期 10 年的全面升级计划，旨在保证其在未来的若干年内仍将位于世界前列。英国 Diamond 光源是国际中能光源中投资最大、建成时性能最好的第三代光源，首批 7 条线站于 2007 年投入运行，2007 年又开始第二批 15 条线站的建设，2011 年启动了第三批 10 条线站建设。法国 Soleil 光源 2007 年投入运行，在建成首批 12 条线站的基础上，当年即启动第二批 12 条线站的建设。日本 SPring-8 投入运行超过 10 年，目前拥有线站超过 50 条，而且已公布了 SPring-8 升级改进计划。

我国现有北京同步辐射装置、合肥同步辐射装置、上海光源三台同步辐射装置。北京同步辐射装置是第一代光源，寄生于北京正负电子对撞机运行。为满足粒子物理研究的需要，每年只有约 2000 小时的同步辐射专用机时。北京同步辐射装置是世界上为数不多的还在运行的第一代同步辐射光源，在我国高性能同步辐射光束线站供给严重不足的情况下仍在发挥积极的作用。合肥同步辐射装置是一台能量为 0.8 吉电子伏特的第二代同步辐射装置，其用途主要限制在真空紫外波段，与上海光源以 X 射线为主的应用目标形成了一定的互补。上海光源属第三代中能同步辐射光源，总投资 100 亿元，是目前我国最大的科学装置和科学平台。首批建设的 7 条线站达到了国际上同类线站的先进水平，目前运行稳定。除首批线站外，蛋白质研究之 5 线 6 站和超高分辨软 X 射线光束线站已建造完成并在调试之中。另有上海光源二期的建造线站的工作也已经逐步展开。

总之，世界各地的同步辐射光源及其线站都在不断地发展和建设中，同步辐射技术方法也得到了长足的发展，新方法、组合方法不断涌现，例如，追求同步辐射技术的超高空间分辨能力、超快时间分辨能力和超高灵敏度分析能力等。由此，光源线站对光源亮度等性能的需求越来越高，同步辐射光源的发展趋势是除了追求更低发射度外，也要求光源储存环的流强越来越大。

5.4.2 同步辐射线站的辐射屏蔽

1. 屏蔽墙的计算

屏蔽墙的厚度 经过使用半经验公式、类比法和蒙特卡罗法反复计算，与日本的 SPring-8 和美国 APS 等同类装置的比较，混凝土屏蔽墙的厚度最后定为 1 米以上。其中，储存环、输运线等多个注入点和引出点、刮束器，墙的厚度都要加大到 1.3 ～ 1.5 米，有的地方还要加铅屏蔽。

2. 线站的辐射屏蔽

同步辐射光束线站是科研人员利用辐射做实验的场所，是距离辐射源最近的人机结合部位。科研人员将集中在此处进行光束线站的调节和各类实验的开展，在线站周围的居留因子高。因此，同步辐射光源线站的辐射防护措施是线站工作人员非常重要的保障。

光束线站的辐射防护措施有辐射屏蔽、人身安全联锁控制和辐射监测系统等，其中辐射屏蔽是最直接和关键的措施。光束线站的辐射来源既有同步辐射本身还有来自储存环的韧致辐射，线站屏蔽措施是多重的，既有起屏蔽和隔离作用的外围线站棚屋，还有准直吸收器、安全光闸等辐射安全设备，对同步辐射光有效屏蔽的真空管道和器件腔体也应考虑在内。

20 世纪 90 年代，随着 ESRF、APS 和 SPring-8 等光源的出现，第三代同步辐射光源光束线站的辐射屏蔽研究开展起来。其中以 P. K. Job 等研究人员在 APS 光束线站上所作的一系列屏蔽设计和实验研究成果最有影响力。在 APS 的线站设计中采用了 EGS 系列的 M-C 软件模拟计算轫致辐射冲击厚靶，以确定线站上辐射安全器件（如准直吸收器、束流闸等）的厚度；运用双晶单色仪晶片的靶模型对轫致辐射的散射进行计算来确定光学棚屋的厚度。

光束线站的屏蔽设计主要涉及各类辐射来源强度的计算、屏蔽体尺寸的计算、辐射剂量的计算等。气体轫致辐射是线站屏蔽设计的重点和难点，是第三代光源线站的主要屏蔽对象。

（1）气体轫致辐射的计算有经验公式法和模拟计算法。

蒙特卡罗方法是解决轫致辐射的一种较为理想的计算方法。用于线站模拟计算的软件有很多，如常见的有 EGS4、FLUKA、MCNP，还有 MARS 等。

APS 和 CLS 的线站屏蔽设计中就采用了 EGS4 的计算软件。在设计安全光闸和准直吸收器时，模拟了从初级轫致辐射的产生后入射到一定厚度铅和钨内的粒子输运过程，通过分析在屏蔽体后 1 米处人体组织最大吸收剂量的情况来确定阻挡块的厚度。在用 EGS4 模拟计算轫致辐射的散射中，让轫致辐射打靶散射，在四周设置屏蔽体，屏蔽体外包裹人体组织用于剂量率的评价。

FLUKA 程序是一个可以模拟包括中子、电子、光子和质子等 30 余种粒子的大型 Monte-Carlo 计算程序。它对光子和电子模拟的能量范围从 1 千电子伏特到几千拍电子伏特，对中子的输运，能量限值可从热中子到 20 拍电子伏特，并且对低能电子的输运算法进行了改进，FLUKA 使用一个普遍的输运算法来处理带电粒子。FLUKA 的几何模型是与 MCNP 等软件通用的软件。现在 FLUKA 已广泛应用于质子、电子各类加速器的屏蔽计算，包括同步辐射光的屏蔽计算。

（2）同步辐射光的屏蔽计算主要是计算其所产生的同步辐射 X 射线的强度和对 X 射线的屏蔽。许多三代光源选用 STAC08 软件进行同步辐射的屏蔽设计，随着插入件的应用，软件内加入了专门计算波荡器和扭摆器的同步辐射内容。其解析计算过程主要是通过两步实现，第一步是计算同步辐射在波荡器、扭摆器和弯铁内产生的同步辐射光谱；第二步是计算同步辐射光载滤波片、镜面等光学设备以及屏蔽体内的衰减。由此计算在棚屋屏蔽墙外的剂量。

5.4.3　上海光源装置

上海光源的总体方案是按照国际同步辐射的发展趋势和国内需求确定的，其主要特点为：规模适中，储存环能量为 3.5 吉电子伏特，性价比理想；全波段，能提供的光线波长从远红外到硬 X 射线；高耀度，$10^{17} \sim 10^{20}$ 每秒每平方毫米每毫弧度光子数；高通量，$> 10^{15}$ 每秒光子数；快时间分辨，脉冲宽度为 15 皮秒；高相干，总计 18 个以上的插入件可提供准相干的高耀度真空紫外、软及硬 X 射线；以及高效性、高稳定性和多种灵活的运行模式（多束团模式、单束团模式）。

主要装置分为三个部分：注入器、储存环和同步辐射实验设施。注入器包括 150 兆电子伏特直线加速器、3.5 吉电子伏特同步加速器（增强器）以及高能和低能两条输运线。直线加速器用作增强器的预注入器将 100 千电子伏特的电子加速到 150 兆电子伏特。增强器把电子能量从 150 兆电子伏特提升至 3.5 吉电子伏特。注入器有两种工作模式，即单束团模式和多束团模式。用多束团注入时，从开始注入储存环达到 300 毫安流强所需要的时间约为 2 分钟。储存环是一个由环形真空室和插入件（波荡器和扭摆器）以及弯铁组成的 432 米的环，储存由增强器来的电子，环电流 300 毫安，储存寿命大于 15 小时，电子能量为 3.5 吉电子伏特。储存环中的 3.5 吉电子伏特的电子产生的同步辐射光子通过弯转磁铁和插入件引出，通过光束线到达实验站，供用户使用硬度不同（频率高低即硬度大小）的高强度同步辐射光。

5.4.4　上海光源实验设施

同步辐射实验设施主要由前端区、光束线和实验站三部分组成，其功能是把插入件或弯铁的辐射光高效率地传输到样品，并通过探测器采集数据、用于相关实验研究。

（1）前端区：上海光源储存环的近20个直线节（又称为插入件）和40个弯转磁铁中大部分用于引出光束线，从插入件和弯铁引出的同步光具有高流强、低发射度的特点，而光束线的实验站多为精密的光学仪器。前端区的责任就是保护储存环的真空状态、保护光束线上的精密仪器和保护实验室工作人员的安全，同时又要保证让所需频率和强度的同步光到达光束线，所以前端区起的是一个承上启下的作用。

基于这样的要求，前端区的组成为：各种阀门，用于隔离；水冷装置，用于散热；光束位置监测器、低能光子吸收器，以保证同步光的质量等。

对于不同的光束线，前端区的结构有所不同，弯铁引出的光束线前端区的设计比较简单，而插入件引出的光束线前端区因为其热负载大，功率密度高，因此结构比较复杂。

（2）光束线与实验站。SSRF 具有安装 50 多条光束线的能力，它可以为近百个实验站同时供光。上海光源的线站可分为直线节线站和弯铁线站两大类，其中直线节线站中又可分扭摆器（wiggler）或波荡器（undulator）两类。对应光束线站名称如表 5-1 所示。

表 5-1　光束线站名一览表

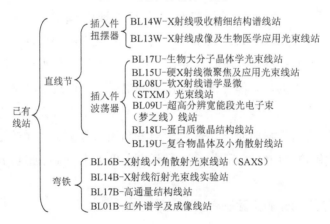

1）梦之线线站（BL09U）

梦之线上海光源是在建的一条宽能段、超高能量分辨率软 X 射线光束线（图 5-2）。其特色是工作人员要在有光束的情况下调试光栅单色仪，而单色仪之前有限的距离内只有一个前置反射镜将同步光水平方向偏转了 2.4°，因此其辐射屏蔽设计要考虑光栅单色仪处的局部屏蔽。

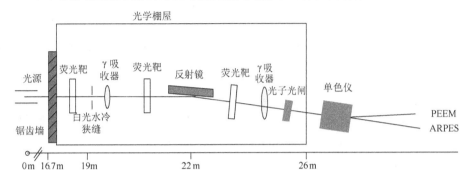

图 5-2 梦之线布局示意图

在一般光学线站的设计中，双晶单色仪放置于光学棚屋内，利用其双晶单色仪的散射镜片可以滤过大部分辐射，只将需要的同步光抬高 20~25 毫米后传输到下游光学器件。而梦之线在光束线通光时，工作人员需要靠近其平面光栅单色仪对光栅进行在线手动微调。因此，需要在梦之线的单色仪之前设置伽马准直吸收器和白光棚屋，以屏蔽掉线站上引入的各类辐射，设计单色仪处的局部屏蔽以满足次级辐射的泄漏，使平面光栅单色仪周围的辐射水平低于上海光源线站的设计剂量限值 1.2μSv/h。

2）蛋白质微晶体结构线站（BL18U）

蛋白质微晶体结构线站在是一条测定外形尺寸小的蛋白质晶体结构的线站。蛋白质微晶结构线站需要保证入射光高通量的前提下，照射至样品处的光斑尺寸尽量小，因此其光学棚屋比较长。一般波荡器线站的单色仪在距离光源中心 20 米左右，而蛋白质微晶体结构线站单色仪距离光学中心 32 米。为减少光学棚屋的建设代价，在狭缝和单色仪之间通过一段 7 米长的输运管道连接。

根据微晶线站的光学棚屋布局图，其光学棚屋前部有段裸露在棚屋外的束线管，长度为 7 米，如图 5-3 所示。

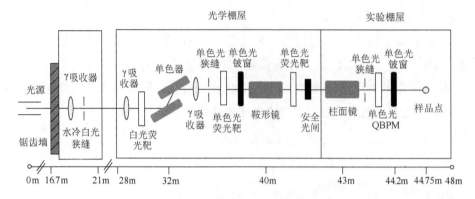

图 5-3　蛋白质微晶体结构线站布局图

蛋白质微晶体结构线站可分为狭缝棚屋、管线段、光学棚屋和实验棚屋四部分。狭缝棚屋内主要的散射元件为水冷狭缝吸收轫致辐射，光学棚屋内为单色仪。

3）扭摆器线站

X 射线成像及生物医学应用光束线站（BL13W）是上海光源首期建造的扭摆器线站，具有的特点为：同步光源强度最大，同步辐射光子能量最高，束线能量可调，成像范围可调。

BL13W 主要致力于动态 X 射线同轴位相衬度成像技术、显微断层成像和其他新型成像技术的发展和应用，其光子能量覆盖 8 ～ 120 千电子伏特，以满足生物医学、材料、古生物学、考古、地球物理等的应用，具有高谱通量密度，以缩短曝光时间。对需要大量投影数据来重构三维立体图的显微层析术来说，高谱通量密度极为重要，对生物医学成像可减小辐射剂量、实现活体成像；为减小剂量、提高成像质量，还应保证光子能量可调的单色 X 射线输出。

BL13W 光束线站的布局如图 5-4 所示，水冷白光狭缝承受直接从前端区过来的光束线热负载。狭缝后采用滤波器组件滤去不必要的低能 X 射线，滤波片厚度从几毫米到几百微米不等。加水冷铍窗隔离真空同时起一定的滤波作用。铍窗后的单色器采用传统的双平晶单色仪，放置在距光源点 28 米处，X 射线经单色化后入射到样品。一个光子光闸和安全光闸合二为一的光闸，主要用于挡光，也可用于控制曝光时间。

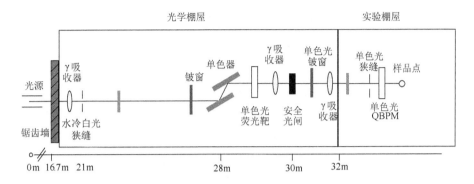

图 5-4 X 射线成像及生物医学应用光束线站的布局示意图

不同线站辐射源的屏蔽侧重有所不同，需要具体线站具体分析。第三代光源的光束线站中，束流损失引起的韧致辐射通常可以通过辐射安全联锁系统和线站前端的屏蔽设计解决，对于光束线站的辐射影响比较小。一般线站屏蔽设计中只考虑气体韧致辐射和同步辐射两个源项。直线节线站中气体韧致辐射是主要危害因素，需要仔细研究，而弯铁线站中韧致辐射通常比较弱。同步辐射光是能量较低的 X 射线，真空管和真空腔体就是有效的屏蔽体。

韧致辐射的大小与插入件所在的直线节长度、直线节内的真空度有关；弯铁的韧致辐射与电子在弯铁内经过的路径有关。插入件偏转磁铁的参数不同，产生的同步辐射差别很大，应具体线站具体分析。初级韧致辐射在直线节内产生，沿束流方向直线传播，需要通过准直吸收器予以屏蔽阻挡。韧致辐射所经过的区域，都要考虑初级韧致辐射和次级韧致辐射的屏蔽；而同步辐射光经过束线前端区和水冷狭缝的限制后，其主要辐射能量在单色仪（或偏转镜）处被散射吸收，一般包含水冷狭缝和单色仪的区域要考虑同步辐射白光的屏蔽。单色仪后是引出的单色光。

5.4.5 同步辐射应用

同步辐射尤其是上海光源提供的优质同步光，已在环境、考古、生物成像等方面得到应用，显示了它对传统方法（包括其他核技术分析）的巨大优势。

上海光源能同时供来自各国的数百名研究者使用。下面是已发表的应用实例，大部分是在上海光源上完成的。

（1）同步辐射技术在揭示环境污染物的生物毒理中的应用。

大气颗粒物已经成为影响我国城市环境的首要污染物，但大气颗粒物的致毒机理还不明确。现有的大气颗粒物致毒机理是大气颗粒物中的重金属元素或有机污染能产生自由基，自由基诱导细胞产生氧化应激而对肌体产生损伤，因此大气颗粒物中的重金属元素与有机污染物的生物效应是相关学科研究的热点。

同步辐射在研究大气颗粒物所导致的生物效应过程中有明显的优势。硬X射线光学技术的发展已经使得基于第三代同步辐射的X射线微探针方法得到良好的发展，并且在空间分辨率上的提高也使得用于微量元素价态分析的微化学绘图技术得以实现。

Yue等用同步辐射X射线位相衬度成像技术（SR X-ray phase-contrast images）研究小鼠体内灌输实验，将不同采样点采集的大气颗粒物样品制得的溶液灌输小鼠后取肺组织进行实验，根据成像所得的信息得出了大气颗粒物易导致肺炎的结论，并对其机理进行了分析。

童永彭等用上海光源同步辐射X射线位相衬度成像技术（光束线BL 13W）进行实验结果显示，染了毒的大鼠肺具有肺炎的特征，揭示了在颗粒物染毒诱导大鼠肺炎过程中，肺泡排气功能丧失导致局部空气滞留于肺泡中，进一步炎症引起肺出血继而导致肺细胞死亡的机制。

（2）显微CT在早期釉砂研究中的应用：以西周倗国出土釉砂珠为例。

利用上海光源同步辐射显微CT、XRD和EDXRF对西周倗国墓地出土的一枚釉砂开展无损分析，探讨该枚釉砂的制作工艺。结果表明，此釉砂珠的石英胎质较为致密，胎料为研磨得很细的石英颗粒，与西方釉砂的内部结构相差较大，暗示该样品不是从西方输入。此釉砂珠的制作工艺为：首先围绕圆柱形内芯制作石英胎，然后施釉、烧制后去除内芯。这种工艺可能受当时青铜器铸造工艺和原始瓷制作工艺的影响。

（3）同步辐射成像技术应用于肿瘤新生血管的实验初探。

顾翔等在上海光源的X射线成像与生物医学应用光束线站研究肿瘤新

生血管对肿瘤的生长、转移的作用。目前传统影像技术只能分辨直径大于200微米的血管。上海光源（SSRF）的同步辐射相衬成像技术对生物软组织（如血管、肿瘤等）成像有巨大优势，空间分辨率可达1微米。本研究不使用造影剂，对不同时期的裸鼠脊背皮翼4T1乳腺癌视窗模型内的肿瘤新生血管相衬成像，观察到密集、不规则、细小弯曲的肿瘤新生血管，能分辨的最小血管直径为20～30微米。

（4）同步辐射X荧光分析用于苔藓植物监视大气污染的初步研究。

张元勋等使用X荧光分析探讨了苔藓植物监视大气污染的机理。他们将苔藓活体样本同时置于受工业污染的上海钢铁研究所和作为对照的中国科学院上海应用物理研究所暴露一个月，在日本高能物理研究所（KEK）的同步辐射X荧光实验站上对它们的植株作常规的元素分析，对叶片、茎横切面作微区扫描测定，获取其Pb、Cu、Fe、Ni、Mn、Zn、Ca、K等金属元素分布。结果表明，苔藓植物的叶片和茎干吸附金属离子后不是均匀分布的，尤其是叶尖和中肋部位富集了K、Ni、Fe、Pb等元素。受污染苔藓的叶表吸附、富集了过量的Pb等金属离子，环境污染导致植物微结构和生长发育受到严重损伤，同时抑制了植物对K、Ca等微量营养元素的正常吸收。

（5）同步辐射成像应用于大鼠脊髓微循环研究的方法学研究。

中南大学在上海光源上使用同步辐射显微断层成像技术（SRμCT）进行大鼠脊髓微血管网络研究。正常SD大鼠3只，利用血管造影剂硅酮橡胶经升主动脉行血管造影，次日取出下胸段脊髓，梯度酒精脱水后，用冬绿油保存。标本先利用动物X射线机拍摄普通X片，然后在上海光源X射线成像与生物医学应用光束线站进行扫描和成像，并与原位厚组织切片的光镜摄片进行比较分析。SRμCT能对常规X射线成像无法观察到的大鼠脊髓微循环形态进行有效的成像和图形重构，清晰呈现出大鼠脊髓内微血管网络，可分辨的灰质内毛细血管直径最细至7.4微米左右。凭借其超高分辨率，SRμCT在血管相关性脊髓疾病的研究中具有广阔应用前景。

结语

　　加速器是研究核科学技术的重要武器，以加速的基本粒子和离子为炮弹，为人们探索物质结构、进行核物理和粒子物理研究、材料改性研究、材料表面和成分分析、样品中微量元素无损分析、生产放射性同位素等提供了有力的手段。大型加速器还可以模拟各种极端条件，如核爆炸、太空环境等，可以节省实地试验的费用，降低可能的风险。加速器又是一个封闭的安全的系统，在不开机时，没有粒子束和高能射线产生，残余放射性极低。与大活度的同位素放射源的复杂防护相比，这是最大的优点。

　　特殊的大型加速器已经作为各种学科的研究平台，服务于各行各业，本章以上海同步辐射装置为例，说明了这一点。关于加速器在医学方面的应用，更是加速器应用的一朵奇葩。由于内容比较多，我们另辟一章叙述。

第六章

辐射的来源、危害及其防护

核技术特别是核能利用是解决人类面临的能源危机的一种非常有效的途径，但是，如果使用不当，就会污染环境，危害人类健康。为了正确合理使用核技术，我们要了解辐射对人体的危害以及如何防护。当然，我们首先要了解辐射的来源，人类的生存环境就是一个充满辐射的环境，辐射是人类和一切生物体生存必不可少的，但是过量的辐射对人体又是有害的。因此，我们建立了辐射剂量学，以便定量地控制生物体接受的辐射，同时建立了各种核辐射的防护方法和技术，使核技术能更安全地为人类服务。

6.1　辐射的来源

6.1.1　天然辐射环境

人类生活在充满辐射的环境中，不论你是在高山之巅，还是在大海深处，也不论你是在陆地行走，还是在空中飞行，即使你乘坐在宇宙飞船上飞行，处于真空环境中，宇宙射线的辐射同样包围着你。因此，人类始终处于辐射环境之中（图 6-1）。

图 6-1　人类在生活中受到的天然辐射的构成

我们无时无刻不在受到各种核辐射的影响。我们喝的水，呼吸的空气，里面都含有少量的放射性元素；我们每个人体内都积累有相当量的放射性元素，给我们带来从内到外的核辐射。还有来自太阳的辐射和宇宙的高能辐射，在大气层里这些辐射会产生大量的次级辐射，被包围地球的大气层中的电磁辐射带所捕获，我们就生活在核辐射包围的环境中。在人类进化的过程中，人类不仅已经适应了辐射环境，而且辐射也是人类进化的动力。所以可以说，没有辐射就没有生命。

　　辐射的来源很多。有来源于太阳聚变反应的产物，还有来自宇宙深处的高能粒子，这些辐射被地磁场偏转，形成高纬度地区辐射比低纬度地区辐射强的特征。在南方地区，尤其地球赤道附近是辐射最低的地区，而北方尤其在近北极处辐射就比较强。

　　辐射在大气层中被强烈吸收，所以大气层厚度大的平原、海边等海拔低地区，地面的辐射就比较低，而高山、高原等高海拔地区的辐射比较强烈，科学家往往在这种地方建立观测站，监测宇宙射线的情况或者利用没有经过大气层吸收的宇宙射线中的高能粒子进行科学实验。在我国西藏拉萨市西北90 千米念青唐古拉山脚下，有一个长约 70 公里、宽 7 ～ 15 公里的山间小盆地——羊八井，这里是藏民传统的牧场，也是当前我国最著名的地热能源基地。20 年前，这里出现了一个宇宙线观测站，而且逐年发展壮大，2001年在这里建成世界上最大的高海拔宇宙线实验室——羊八井宇宙线地面观察站（Astrophysical Radiatim With Ground-based Observatory at YangBaJing,, ARGO）。在这里人们不用加速器就可以观察到未被大气层吸收的宇宙射线，利用其可以开展粒子物理学的研究，还可以开展辐射效应的研究和实验。

　　太阳发射的射线和来自宇宙的射线等高能辐射，除了被空气吸收外，这些辐射与空气中的分子、原子在不断地碰撞的过程中会损失能量，或者使气体的原子电离，或者使其激发，在此过程中自身能量逐渐降低，变成低能的辐射，同时生成一些被电离的核、粒子。这是辐射在物质中传播的特点——辐射会与物质发生相互作用。一些能量较高的辐射会产生一连串的相互作用：辐射本身可以使空气中的原子电离；原子电离后如果带的能量足够多，还可以使别的原子电离。一条辐射线就会发展成一大蓬，这个发展过程称为簇射。

在空气中如此，在任何物质中都如此。

辐射的另一个来源是地球本身，在地球的土壤、水系、岩石中都存在放射性。许多矿石往往都带有放射性，如铀矿石，它与花岗岩的组分差不多，中国的铀矿多半与花岗岩矿共生，就连煤矿中也含有铀及其他放射性元素。温泉的热量几乎 100% 来源于放射性，所以温泉资源丰富的地方，也是放射性衰变比较强、地壳中放射性物质比较集中的地方。地壳中的放射性核素有三大系列：^{235}U、^{238}U 和 ^{232}Th，每个系列都是一连串的由这三种核素为首衰变来的核素，三个系列的核素最后都衰变为不再进行衰变的稳定核素铅。这三个系列放射性中，^{238}U 衰变产生的短寿命的放射性惰性气体氡，构成了人类接受的环境辐射的最大组分，约占 50% 以上。

在自然界中，^{40}K 也是重要的放射性核素，它发出的 γ 射线（约 1400 千电子伏特）在测量天然本底的能谱图中永远存在。它的分布很广，在所有的建筑材料里以及许多食物中都存在，当然，在每个人的体内也都存在。一个成年人体内因 ^{40}K 与体内另一个放射性核素 ^{14}C 引起的内照射为每年 1 ~ 1.5mSv，与外界的天然放射性引起的外照射差不多，都属于无害水平。在咖啡这样含钾丰富的植物中，^{40}K 与稳定核素 ^{39}K 的化学性质相同，它们的生物化学过程相同。因此，不因为提炼而失去其中的一种同位素，或改变它们的比例。当然，所有的放射性核素与它们的稳定核素之间也同样具有这样的特性——除了核特性不同外，其他任何性质（如化学的性质、生物的性质）均相同。

6.1.2　人工辐射环境

辐射还有一个主要来源是人类使用核技术，包括核武器、核电站、核医学、核工业和农业、科学研究等，核技术所需要的许多大型装置，如钴源、加速器、X 射线机、反应堆、同步辐射装置等，都是用来产生高能辐射的。这些装置的运行会增加周围的辐射，当它们在维修、调试、事故时，会对环境产生更多的影响。这些辐射及微量的放射性物质进入大气，通过呼吸吸入、皮肤伤口及消化道伤口进入体内，引起内辐射、散入土壤，影响粮食、蔬菜以及家禽，最终被人体吸收。融入水系，污染河流、海洋和应用水资源，继而在环境中循环复始，潜移默化地影响着地球上古老的食物链。以核试验为例，核试验产生的剩余核辐射进入环境的有裂变碎片、没有完全裂变的核物质、中子和周围物质产生的活化反应产物。核物质的装填量越大，对环境的影响就越严重；如果是地下核试验，对大气的污染可以减轻一些；如果是在空气中进行核试验，尤其是在低空或地面进行，则危害环境的程度更严重。

在核能利用以后，无论是在质上，还是在量上，都使环境中放射性分布的情况发生了很大改变。对于许多放射性核素来说，人类活动产生的放射性核素的数量已经超过了天然存在的数量。

由于核能利用释放的氚的数量超过了氚原本在自然界中的总储量——不论是自然产生的还是人造的氚释放到环境中时，99% 以上以含氚水的形式出现。氚的半衰期为 12 年。大多数释放到环境中的含氚水都能在地表水中找到。1960 年地上原子弹试验之后，在北半球的地表水站测试得出地表水富集氚超过每升 200 Bq（贝可勒尔）。据估计到 1973 年由核武器试验释放出的氚约为 $3×10^9$ 居里（$1.2×10^{19}$ Bq），与核电站运行之后产生的氚接近。由于人类的活动，氚在北半球的浓度比南半球高 7 ～ 15 倍。

^{90}Sr、^{131}I、^{137}Cs、^{239}Pu 这四种放射性核素也主要来源于核电站的正常运作及事故。^{90}Sr 是铀的裂变产物之一，半衰期为 25 年，扩散性不强。^{131}I 的半衰期为 8 天，进入人体后主要分布在甲状腺中。^{137}Cs 半衰期为 30 年，且极易溶于水，比如，可以与雨水融合，人体与其接触，会增加癌症的患病率。环境中 ^{137}Cs 进入人体后易被吸收，分布于全身，尤其是肌肉中。^{239}Pu 半衰期为 2.41 万年，若进入人体，排出的速度非常慢，钚元素毒性很强，特别是从呼吸道被人体吸入，原因是肺部对辐射特别敏感。这四种物质在大气中传播的距离不同，^{131}I 和 ^{137}Cs 能散布几百千米，^{90}Sr 停留在电站附近 50 千米内，^{239}Pu 只能传播 5 千米。

人类活动使我们的生存环境发生了变化，这是一个值得关注的问题。这种变化甚至使得我们找不到一块不含放射性的金属。炼钢厂在炼钢时要大量使用气体，而二战后的大气因核试验而污染，所以现在生产的所有钢材里或多或少都有放射性残留。当然，不只是钢，铅也一样。所以，若需要用纯净的钢时，人们就不得不到二战以前沉在海底的船上去锯一块钢下来用（如用于登月装置）。这种钢被称为先原子钢，很珍贵。类似的还有：为了找到好的铅（被称为老铅），人们把有古老历史的巴黎圣母院的铅屋檐拆下来，换上新的，而把这批珍贵的老铅拿去做微弱放射性测量实验的屏蔽物。

现今世界范围内每年计划应用的放射性核素的放射性活度高达 10^{17} Bq。这些数量惊人的放射性核素从生产者到消费者和应用者，中间需经过生产、运输、应用或消费、废物处理等多种环节。毫无疑问，通过上述环节，放射性核素或多或少地进入环境，从而构成对我们的辐射危害。

6.2   放射性物质在环境中的迁移与照射

6.2.1   放射性物质在大气圈中的迁移与照射

地球大气的主要成分是氧气和氮气，还包括其他少量物质，如 CO_2、惰性气体、尘埃等，高层大气中还有离子和电子激发物质。

放射性物质进入大气后会产生一系列物理变化和化学变化。一部分放射性物质飘入大气后可被大气中的尘埃或液体微滴吸收或溶解，漂浮在大气中；氡等一类惰性气体的衰变产物为固态金属微粒，可因扩散和静电吸附等作用在大气中形成气溶胶；有些含放射性核素物质可能会与大气中的氧或二氧化碳等发生化学反应，例如，气态 HT 可发生氧化反应生成氚水蒸气 HTO，^{14}CO 或 $^{14}CH_4$ 则可与含氧自由基反应生成 $^{14}CO_2$。

放射性污染物进入大气后会随大气运动而被输运，污染物分布不均匀形成的密度梯度会导致其在水平与垂直方向上扩散，空气流场的切变（流速分布的不均匀）则导致污染物的弥散。

当然，放射性核素的迁移过程中，也会受自身性质和其他环境因素的影响。放射性核素在大气中迁移的过程中自身会衰变，从而其子体会逐渐积累；

雨雪的洗刷作用可导致放射性核素湿沉积，沉积到粒径较大（ > 20μm ）的固体颗粒会因重力作用而沉降，粒径较小的放射性颗粒则会因碰撞而被地面附着物截留，发生干沉积；风的作用又会导致放射性沉积物的再次悬浮，造成空气二次放射性污染。

大气中的放射性污染可以对人造成直接外照射，放射性核素沉积到地面也能造成外照射。此外，人无时无刻不在呼吸空气，而带放射性核素的空气就会造成对人的内照射。还有，其沉积到农作物又会经食物链而对人造成内照射。

6.2.2　放射性物质在水圈中的迁移与照射

按照水体的存在方式，可以将水圈划分为海洋、河流、地下水、冰川、湖泊等五种主要类型。地球表面的水是十分活跃的。海洋蒸发的水汽进入大气圈，经气流输送到大陆，凝结后降落到地面，部分被生物吸收，部分下渗为地下水，部分成为地表径流。地表径流和地下径流大部分回归海洋。水圈中的地表水大部分在河流、湖泊和土壤中进行重新分配，除了回归于海洋的部分外，有一部分比较长久地储存于内陆湖泊和形成冰川。大气圈中的水分参与水圈的循环，交换速度较快，周期仅几天。

放射性废水的排放是地面水体放射性污染的主要来源。如上所述，大气中放射性尘埃等物质的沉降也能导致地表水体的污染。开采、提炼和使用放射性物质时，如处置不当也能造成放射性水污染。放射性物质进入水体后，同样可以发生各种物理变化和化学变化。水的流动会导致放射性污染物在水中的弥散及沉积与再悬浮等物理过程；化学过程则包括放射性物质在水中的水解、络合、氧化还原、沉淀、溶解、吸附、解吸、化合、分解等化学反应；也包括一些生物过程，如水生生物对放射性物质的吸附、吸收、代谢及转化等作用。由此可见，放射性物质在水圈中的迁移行为比在大气中的迁移行为复杂得多，涉及的因素更多。

地面水的放射性污染可经由在水体中的各种人类活动而造成外照射，经饮水途径可造成内照射，水生生物的放射性污染及用放射性污染水灌溉农田则导致农作物的放射性污染，从而可由生物链导致对人的内照射。

6.2.3 放射性物质在生物链中的迁移与照射

通俗地讲，生物链是各种生物通过一系列吃与被吃的关系彼此联系起来的序列，因此，人是生物链的最终端，所以生态系统中的环境放射性水平及其变化，都会在不同程度上对人造成影响。

核设施向环境排放的放射性污染物质，有一部分会通过弥散和迁移，导致空气、水、土壤等非生物环境物质受到放射性污染，这些非生物环境物质则会通过生态系统内的植物—动物—人这一生物链最终向人转移。人作为生物链中的最后一环节，决定了人体吸收、储存放射性物质的多源性。

各种生物的尸体、残骸、分泌物和排泄物中的放射性核素伴随着这些物质一起成为有机垃圾，这些有机垃圾也可通过沉积和吸附作用直接从空气或水中吸收放射性核素，由此成为生态系统中一个相当大的放射性物质的"储存库"。生态系统中的微生物通过分解作用得以矿化这些有机垃圾，并转化为矿物质，重新进入生物链循环过程，其中也自然包括放射性核素。

6.3 辐 射 防 护

6.3.1 辐射防护三原则

按照国家辐射防护规定，一切与辐射有关的活动，如核电站，各种反应堆，加速器，钴源，核实验室的选址、设计、运行和退役必须遵循辐射防护三原则。它们是：正当性原则、尽可能少的原则和个人限量原则。

这是国际公认的规定，根据各个国家情况的不同略有差异。公众也应该按照这三个原则调整我们对待核辐射有关实践活动的态度 —— 支持，还是反对。

1. 正当性原则

正当性是三条原则中最重要的，也是我们衡量辐射实践的首要条件。

举几个例子来说明。

例如，是否要建设一个核设施，要看它实施后是否利大于弊，利就是给人们带来的各种好处，弊就是付出的代价，如成本、对人体健康、社会心理和环境的影响等，如果不是利大于弊，那就是不正当的。

如对核设施的选址问题，要考虑对环境的影响，要选地基牢固的地方建造，不能放在地震带上；另外，要远离人口密集的地区等。经过充分的科学论证后，做出的决定才是正确的。

还有，是否已经充分考虑到核设施的安全问题，安全防护措施是否到位，是否考虑到各种最严重的可能发生的自然灾害以及数种自然灾害并发的情况下的安全问题，是否考虑到恐怖分子的破坏等。如果考虑到了，而且设计还留有很大的余地，那就可以认为是正当的。

又例如在发生核事故后，为了防止事故的扩大，要及时组织抢险。在放射性很强的事故现场进行抢险的人员，虽然穿着防护服，还是会接受到超过允许的放射性剂量。他们的行为，虽然对他们个人有害，但是从整体利益考虑，不使更大范围的更多的人受害，权衡利弊，利大于弊，因此也是正当的。

而如果发生事故后，不告知周围地区和国家，或者直接将放射性废水废气排入环境，通过水和气的循环将污染扩散到其他区域，影响更大范围的生态平衡，这样的行为就是不正当的。

2. 尽可能少的原则

具体操作时，要使操作人员和周围公众接受尽可能少的辐射。尽可能少，指的是在接触放射性时，可由一个人完成的，不要许多人同去；可在接受较低辐射时能解决的问题，不要用高的。接触放射性时，尽量保护好自己，不要受到过度的辐射。例如，拿放射性物质时，不要直接用手，要用机械手、夹子等工具，以离人远一些；用完后，要放回带屏蔽的盒子里，不要裸露在外面；进行放射性操作时，动作既要稳又要快，必要时，可以事先在无放射性环境下练熟动作。总而言之，避免不必要的辐射。

3. 个人限量原则

什么是个人限量呢？为了保障安全，个人接受辐射的量就要有一个限制。一个人，如果是辐射专业人员，每年接受的剂量不能超过 50 mSv，如果是普通公众，每年接受的剂量不能超过 5 mSv。5 mSv 是一个人每年接受到的所有辐射的总和，这是一个很安全的量。而且随着核技术的进步，这个限量在不断降低（从过去的 20 mSv，降到现在只允许 5 mSv）。5 mSv 辐射的构成——人每年接受的天然本底辐射就约有 2 mSv，还有乘飞机旅行、医学检查和治疗、居家装修中材料的放射性，此外还有周围的核设施对人体的影响等。

我们会产生这样的疑问，为什么对专业人员和普通公众的年辐射限量要如此区分？为什么要规定相差 10 倍的限量，专业人员接受 50 mSv 辐射是否会影响健康？在放射性刚发现时，人们没有核辐射的知识，早期的专业人员接受的辐射剂量都非常大，著名的女科学家居里夫人长期在简陋的实验室里制备镭等强放射性物质，也不了解镭射线会损害健康，没有采取任何防护措施。《居里夫人传》里描述，居里夫人从废矿渣里提炼出 0.1 克氯化镭后，在夜晚，放在桌上的镭发出非常漂亮的蓝光，居里夫人就静静地坐在椅子上欣赏着这像自己孩子一样的镭。最终夺取这位科学家生命的是放射性引起的恶性贫血。做出牺牲的还有早期从事核武器试验的科学家、军人和现场附近的老百姓、铀矿工人等。血的代价发展了辐射防护这门学科。

50 mSv 也是经过考验的安全的剂量，专业人员每天都在与辐射打交道，不可避免地要受到比公众更多的辐射。另外，专业人员有专业知识，懂得如何保护自己，工作场所还有各种计量仪器和屏蔽保护装置，又有严格的规章制度，他们的工作应该是安全的。至于普通公众，因其不是专业人员，不是自愿接受因为核能利用而附加在他们身上的那部分剂量。由于专业知识的缺乏，碰到突发事故也不知如何应对，心理上比较脆弱，容易受到惊吓。把年限量定得低一些，是完全应该的。

总之，在制定三条原则的基础上，已经建立起各种与其配合的规章制度，在各类有害有毒行业中，辐射行业的防护是最严格的。因此，安全性比一般常规的行业产生事故的可能要小得多。

6.3.2 辐射剂量学

为了讨论辐射风险，进行辐射防护，我们要了解辐射剂量学的基本内容，包括吸收剂量、剂量当量、剂量限值的计算和人体辐射的生物效应。

1. 吸收剂量

我们先要了解什么是最基本的辐射量，是辐射的强度，是辐射的种类，还是辐射的流量？虽然这些量都是重要的辐射量，但都不是基本的辐射量。因为我们关心的是辐射防护，要定量地研究辐射对人体的影响，就要考虑什么辐射量对人体产生影响最大。最终发现是辐射在通过人体时，在人体中被吸收的那部分能量对人体影响最大，它是人体产生辐射损伤的原因。我们定义一个称为吸收剂量的辐射量，作为辐射的基本单位，即每单位物质中沉积的辐射能，以戈瑞（Gy）为吸收剂量单位，1Gy=1J/kg。

只有吸收剂量还不足以描述人体各部位对辐射的反应，1997 年，国际辐射防护委员会（ICPR）引进了等效剂量这个术语。他们发现一些人体组织较其他的组织更易受辐射效应的影响，如生殖腺、肠、肺、骨骼等。因此，给予这些组织以更高的权重因子（称为组织质量因子），这个因子乘以这些组织对应的辐射吸收剂量就是等效剂量，以西弗（Sv）为单位。权重因子是无量纲的，所以 1Sv=1J/kg。

ICPR 建议在工作中接触放射性核素的工人的职业剂量限制为每年 50 mSv，但对不同组织又作了专门的规定，如 ICRP 建议大肠的限定剂量每年为 15 mSv。已经公布了 240 种可能被吸收或通过呼吸吸入的放射性核素的具体的限定剂量。对于那些不是因为工作而接触放射性核素的人来说，整个身体每年的暴露限量为 5 mSv。

不同的物种对辐射的敏感度也不同。经过对大部分物种的急性致死剂量的比较结果表明，在已研究的动物种群中，哺乳动物对辐射最敏感，而目前所研究的哺乳动物中，人类又是最为敏感的。通常情况下，在特定的种群中，年轻的正处于发育阶段的生物体要比年老的生物体更敏感。

2. 剂量当量

正如上述可见，在生物体中，单纯用吸收剂量这个单位是不够的。除了人体组织对辐射的灵敏度不同外，还应考虑到不同辐射的电离本领不同，也就是说辐射的品质不同对人体的影响不同。在评价辐射风险时，应当看到，一个 α 粒子每单位能量在人体组织中的能量损失是相同能量 γ 射线的 20 倍。如果进行等效，1 Gy 的 γ 射线与 0.05 Gy 的 α 粒子产生的损伤相同，我们将这个量定义为剂量当量，大小为 1 Sv。

我们还根据人体组织器官对辐射的敏感程度不同，对剂量当量再乘以一个器官的权重，见表 6-1。不同组织的组织质量因子：生殖腺为 0.2；肠、肺、骨骼、胃均为 0.12；骨表面和皮肤为 0.01；而其余组织（胸、膀胱、肝脏、食道、甲状腺）均为 0.05。

表 6-1　人体各器官组织对辐射的组织质量因子（权重因子）

组织	组织质量因子	组织	组织质量因子
生殖腺	0.2	肝脏	0.05
肠	0.12	食道	0.05
肺	0.12	甲状腺	0.05
骨骼	0.12	骨表面	0.01
胃	0.12	皮肤	0.01
胸	0.05	其他组织	0.05
膀胱	0.05		

生殖腺的权重因子最高，说明它最容易受到辐射伤害。

归根结底，在辐射防护中，既要考虑辐射的品质，又要考虑人体接受辐射的部位，也就是不同生物组织对辐射的权重因子不同。这样一个综合表征生物接受辐射后受到辐射伤害的物理量，称为当量剂量或者剂量当量，国际单位是 Sv。

辐射与光源一样，其强度与辐射持续的时间成正比，与被辐射的人到辐射源的距离平方成反比，所以通俗地讲：辐射剂量学就是要尽量避开辐射品质高的射线，如果实在避不开，停留时间要尽可能短，离得越远越好，而且要保护自己最脆弱最容易受伤的要害部位。

3. 剂量限值的计算

普通公众每年接受的剂量限值是 5mSv/a，这是怎么计算的呢？

在上文中我们已经知道，人体受到外界的天然辐射造成的剂量是 1 ~ 1.5mSv/a，包括土壤和宇宙射线的天然放射性，人体内组织所含的微量放射性核素 ^{40}K 与 ^{14}C 造成的剂量也是 1 ~ 1.5mSv/a，总共是 2 ~ 3mSv/a。其余就是人为增加的辐射，主要来源于医学检查和治疗。

在人为增加的辐射里，设计完好、运行正常的核电站和其他大型设备加速器等，根据计算给周围人带来的辐射剂量是 0.3mSv/a，这样的剂量比土壤中的放射性元素带来的剂量还要低。而接受放射医学检查则不然，一次胸透为 1mSv，腹部扫描为 15mSv，牙科拍片为 0.2mSv，远大于核电站对周围居民的影响。如果一个人一年要做几次胸透、几次扫描，则接受的剂量可能要超过 5mSv/ 年的剂量限值。而如果进行放射性治疗，接受的剂量要比放射检查还要高得多，这就需要放射医生和物理师共同制定辐照计划，以保护患者安全。

4. 人体辐射的生物效应

在讲辐射对人体的损伤前，再回顾一下前面讲到的自然界主要的三种辐射：α、β、γ 辐射在物质中被吸收的特性。辐射在物质中穿透时，辐射所带的能量会被消耗掉，被物质吸收的能量会使物质原子激发或者电离。在人体中，辐射也大致经历了这样的过程。只不过人体是生命体，过程比非生命体更复杂而已。

1）辐射导致细胞损伤

辐射能量沉积在人体组织中导致细胞内发生各种化学变化，并产生一定范围的损伤效应。某些化学变化可能非常严重，可以导致组织坏死，甚至将导致有机体的死亡。过量的辐射也能导致细胞代谢的永久性变化，或者产生癌症，或者产生一串紊乱。

辐射诱导人体组织的 DNA 损伤（如点突变，链断裂和染色体损伤），这将增加癌变的发生率。对生殖组织，这样的损害能导致遗传紊乱，这种紊乱可以传递给后代或导致不孕。

辐射对不断复制的细胞的致死效应已经被用于恶性癌细胞的治疗，这些恶性癌细胞具有很高的增殖速度。精确控制辐射剂量和改变辐射的角度可以

使恶性肿瘤选择性的消灭。

2）辐射对免疫系统的效应

哺乳动物免疫系统的主要成分是淋巴细胞、巨噬细胞和一系列的免疫介质，这些免疫介质由巨噬细胞产生并调节着淋巴细胞的活性。巨噬细胞负责非特异性免疫反应，如噬菌作用。淋巴细胞在它们的免疫应答中具有高度特性，负责外来性（非自身性）抗原的识别并与响应的启动及其程序有关。

淋巴细胞的一些亚群对辐射非常敏感，但是巨噬细胞和浆细胞对辐射却有很强的抗性，原因尚不清楚。一般而言，辐射与免疫抑制的效应存在剂量－效应关系，也就是说剂量越大效应越明显。然而，在某些实验条件之下，辐射可以引起免疫应答的增强。

6.4 核辐射对人体的危害

6.4.1 急性放射病

核辐射对人体的危害可以分为两种。第一种是由过量辐射造成的，它表现为轻重程度不同的急性放射病。一般来说，在高辐射水平地区停留过久，受到高于 1 Sv 剂量的 γ 射线、中子外照射，可引起急性放射病。根据切尔诺贝利核电事故的资料，事故中有 134 人受到 0.8 ～ 16 Sv 辐射剂量外照射发生急性放射病，其中 11 人的受照剂量达 10 Sv 以上，发生严重肠胃损伤，28 人在受照后 3 个月内死亡。若受到的辐射剂量为 1Sv 时，会发生骨髓型急性放射病，一般症状不会很严重，表现也不是很明显，仅在伤后几天内出现疲乏、头晕、失眠等症状，可能不会向更严重的情况发展，一两个月后可自行恢复。若受到照射的剂量较大，则会出现肠型急性放射病，更严重会引起脑型急性放射病。这两种放射病的病情较严重，可能会出现血压下降、虚汗、四肢厥冷以及运动、意识等一系列神经活动障碍，治疗可延长生存期，但是很难完全治愈，病情严重者可能导致死亡。

6.4.2 低水平辐射

另一种是长时间低水平辐射照射。这种情况相当于大部分人接受的辐射情况，低水平照射的受照人群的癌症发病率与受照剂量并不直接相关。目前已被国际上接受的就是人们熟悉的"线性无阈"假设，即使是非常微弱的辐射也可能造成危害，主要表现为癌症的发病率增加和遗传效应，而损伤效应的发生概率与剂量大小呈线性关系。

我国有关规定明确提出，不允许第一种危害的发生，要尽可能减少第二种危害。但是从实际的情况来看，无论中国还是外国，每年都有人受到人工放射性危害，无论是核电站事故还是放射源的丢失，都会对人们造成急性事故。

低水平辐射，指低剂量、低剂量率的照射。就人群照射而言，低剂量辐射是指 0.2Sv 以内的电子、γ 辐射；中子则更低些，因其对人体产生的辐射效应大于其他射线。低剂量率指 0.05 mSv/min 以内的各种照射。

前文已提到，人体在接受强度很大的辐射后，会产生急性放射病，病情的严重程度取决于辐射的强弱，低于一定量的辐射则没有明显反应，这可称为"线性有阈"。还有一种情况就是，人体接受一定的辐射后，有可能在今后患上癌症，或者得遗传病。这种可能性与接受的剂量大小有关，但是再弱的辐射也可能产生此类效应，这就是"线性无阈"的假设。

20 世纪 80 年代，美国有人提出电离辐射兴奋效应的概念，认为低水平辐射对生物体不仅无害而且有益。许多中外学者纷纷进行深入研究，肯定了低水平辐射会诱导适应性反应和增强免疫功能。什么意思呢？所谓适应性，指的是人体经过低水平辐射的照射，对辐射有适应性，也就是提高了抗辐射的能力。经过调查，发现在天然本底比其他地区高 3 倍的广东阳江地区的人群，患癌症的机会不但没有增加，反而与其他地区人群相比患癌症的机会有减少的趋势。阳江人群的免疫功能也高于其他地区。

这说明，人体接受 0.2 Sv 以内的低水平辐射可以增强抗肿瘤的细胞毒活性和抗体形成的能力，减轻由于大剂量辐射引起的染色体和免疫功能的损伤。

人们把这种发现用来减轻肿瘤患者经放疗和化疗引起的免疫功能低下。方法是先用低水平辐射照射患者，再做放疗或化疗。人们也利用这种发现来避免癌症的转移、抑制肿瘤的生长，又一次验证了低水平辐射对人体的正面效果。

低水平辐射正在引起人们更多的兴趣，但有不同意见的争论。

今后，随着被研究的辐射种类的增加以及人体试验数目的增加、时间的积累等因素，人们是否能更多地利用低水平辐射的正面效应为人类造福是值得研究的。

6.5　核电站的安全性

6.5.1　核电站是安全、洁净的能源

现今世界上，生活用电中有一部分是核电站提供的，在电力资源比较稀缺的地区，建设一个核电站是个很好的解决办法。20 世纪 80 年代初，香港的电力供应曾一度紧张，大亚湾核电站的建成，成功地解决了这一问题，目前大亚湾核电站所生产的电力 70% 输往香港，约占香港社会用电总量的 1/4。用电的问题是解决了，可是大亚湾核电站地处深圳市的东部，离香港、广州、深圳都很近，都是人群密度较大的地区，这样一个年发电能力近 300 亿千瓦时的大型核电站，是否会对周围居民的健康造成影响呢？我国科学家在 2004 ~ 2005 年随机抽查了距核电站 0 ~ 20 公里居民和核电站厂区周边居住和工作的 601 人，结果体内除 ^{40}K 外均未测出放射性核素。对秦山核电站的环境检测也表明，在距离核一、二号机组反应堆 100 米左右检测到的辐射剂量为 120 nSv/h，即 1.05 mSv/a，低于我们接受一次 X 射线胸透所吸收剂量（~ 2 mSv）。据联合国原子辐射效应科学委员会的估计，全球核电站正常运行对周围公众产生的辐射剂量小于 0.3 mSv，与公众个人平均每年接受的天然本底照射剂量 2.4 mSv 相比，是可以忽略的。也就是说，正常运行的核电站是安全的。

中国的核电站起步较晚，使用的反应堆堆型是比较先进的，以二代机组为主，在建的还有二代半和三代的，在中国的核电史上没有发生过二级以上

的事故，在大亚湾核电站曾经发生过铀棒中部分铀元件包壳损坏，没有造成进一步的放射性泄漏，没有造成环境危害。

正常运行的核电站是洁净的。与燃煤电站和燃油电站相比，同样 100 万千瓦的电站运行一年，燃煤电站需要燃烧 230 万吨煤，释放 30 亿立方米二氧化碳、41000 吨二氧化硫、960 万立方米氧化氮和 1200 吨尘埃、3 万多吨飞灰和 2 万多吨灰粉。更不可思议的是煤矿中含有少量的铀混合物，这些放射性物质随着燃煤的废物直接排向大气。燃油电站需要燃烧 152 万吨油，释放 24 亿立方米二氧化碳、91000 吨二氧化硫、6400 吨氧化氮和 1650 吨尘埃。而核电站需要燃烧 27 吨浓度 3% 的浓缩铀，无二氧化碳、二氧化硫、氧化氮排放，无尘埃。总共产生 14 立方米的高放废物（其中 97% 的成分可以提高乏燃料元件的后处理回收再利用）和 500 立方米中、低放废物。

与生产相同数量电能时产生数百万吨化学制毒废物和数十亿立方米毒气的燃煤、燃油电站相比，核电站排放到环境的化学物质更少，释放的放射性剂量也很低，而且是经过后处理存放起来，并不排放到环境。因此，核电站的优越性就体现了出来。

6.5.2　核电站事故剖析

我们似乎可以得出结论，核电站是非常安全的，是应该大力发展的。但是，不幸的是还有各种不测。众所周知的严重核电站事故就有三个：三里岛、切尔诺贝利以及福岛核电站的事故。

地球是人类的家园，对地球资源的任何开发、使用，需持可持续发展的态度。同样，对地球生态环境的任何破坏、影响不可能只是局部的。核电站一旦出现大事故，泄漏的放射性核素会进入环境，在大气层和海水中逐渐稀释，也逐渐向周围扩散（图 6-2）。2011 年 3 月 11 日福岛遭到地震和海啸的破坏，导致福岛核电站事故，事故持续向环境排出放射性，很快影响到东京的空气和自来水，然后是我国黑龙江，20 天后，在我国除了西藏外的所有检测站空气中都测到了从福岛飘来的 ^{131}I 和 ^{137}Cs。在地球的大部分地区，灵敏的检测仪器都能测量到，真可谓辐射污染无国界。

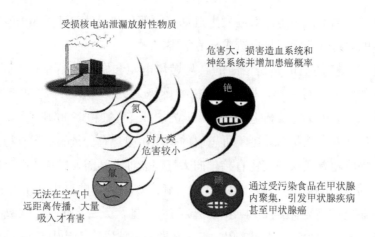

图 6-2 核电站事故泄漏的核素

福岛核电站事故中，在核电站周围的土壤中测到了 ^{239}Pu。钚的危害如图 6-3 所示。它有 α 放射性，且毒性较大。据说，福岛第一核电站的 3 号机组用的是法国进口的铀钚混合氧化物的燃料，如果 3 号机组燃料棒受损同时安全壳受损，钚就可能通过裂缝进入地下水，然后通过地下水污染周围的土壤。还有一种可能是存放乏燃料的水池因地震和海啸受损，钚也可能泄漏。日本采取的措施是在福岛第一核电站周围地面上撒树脂，让污染的土壤结块，阻止钚等放射性污染扩散到更远的地方。

图 6-3 钚的危害

在福岛核电站事故中还发现核泄漏进入大海，测到日趋严重的海水污染。这种核泄漏由两部分组成，一部分是电站受损放射性的泄漏，这种高强度、大量的污水处理是一个棘手的问题，不仅处理已生成的污水，还要抑制新的污水泄漏；另一部分是日本主动将放射性污水排入大海，以减轻大量放射性污水的处理压力。直至福岛核电站事故两年多后的今天，这种核泄漏还没有停止。海洋的大量海水可以稀释放射性，从而将自身的辐射危险降低，但是它会使污染扩大到其他地区，使周边国家以及海洋的生物资源受到放射性损害。

福岛核事故的定级起初是定为 4 级（核事故分级：0 级称为偏差，1 级称为异常，2~3 级，称为事件，4~7 级称为事故，7 级是最严重的事故），但是事故以后次生的灾害不断发展，最后定为 7 级，与切尔诺贝利事故相同。从三里岛事故到切尔诺贝利事故，再到现在福岛核电站事故，不断引起我们的警觉。虽然核电站在常规情况下是安全的，但是在突发严重灾害而且是数种灾害并发时，核电站一旦发生事故，对环境造成的危害就可能是巨大的，不仅当时造成破坏，放射性泄漏的影响要好几百年才能消除。毕竟，与大自然相比，人类的力量还是太过渺小，想做到万无一失还是有一定困难的。我们应该深切认识到，发展核电技术应该慎之又慎，不能有半点疏忽。同时，操作人员应该严格按照操作规程办事，要加强对突发事故的应急能力的培训，一旦发生事故，要将影响降至最低。

几次核事故给公众情绪带来很多负面影响，对核电站的发展带来新的阻力。

6.5.3 应该如何发展核电

在过去的几十年核电站的发展中，我们在看到核能洁净、环保、廉价的同时，也看到核电站毕竟是有高风险的放射性装置。远在日本福岛核电站事故发生以前，已有严肃的调查报告指出，全球对一次能源需求中，2010 年以后核电的总量开始下降，在 2030 年前，年增长最快的依次是可再生能源、天然气和水电。而在 2011 年福岛核电站事故以后，人们有理由重新审视发展核电的策略。

有资料表明，过去宣传核能廉价的说法已遭到质疑，在核电的成本中没有计及事故成本、处理核废料的成本，也没有计及由于事故赔偿、事故引起的加强核电站安全设计而增加的成本、环境成本，而要修复环境成本更高。如果计算了这些成本，核电就不是廉价的了。而且我们不可能指望，从此以后地球村就不会遇上比日本地震和海啸更大的自然灾害了。事实上，现代考古发现已经充分证明了，在地球有生命活动以后，经历过多次远超 2011 年日本地震的自然灾害。在日本福岛核电站事故以后，我国已表示要更慎重审批新的核电项目。而在核电占发电总量达 31% 的德国，已停止现有的核电站的运行，这导致了德国与能源有关的费用的全面上涨，如水电费、取暖费、交通费等。

面对核电技术的优缺点，我们是否可以换一个思路。第一，是否有比核电更合理，更现实，更环保的能源可以选择？第二，对现有的和在建的核电机组应合理布局、优化设计，加强管理。我们的资源是有限的，要节约使用，特别是对新堆型和机组的研制上，这是科学技术工作者的良心所在。

6.6 氡 的 危 害

在人体受到的各种天然放射性的辐射中，氡气是最主要的。本节介绍氡气的来源、进入人体的途径、危害及预防方法。

6.6.1 居室中放射性污染的元凶——氡

首先介绍造成居室中放射性污染的元凶 —— 氡。

氡，元素符号 Rn，在自然界大多以气体形式存在，故也称氡气。自然界中的氡是怎么来的？^{222}Rn 是 ^{238}U 经 4 次 α 衰变以后产生的。氡有 27 种同位素，大部分半衰期都很短，^{222}Rn 的半衰期为 3.8 天，放出的 α 粒子能量为 5.489 兆电子伏特，经衰变最后变成 ^{206}Pb。虽然氡的半衰期较短，但是其母体 ^{238}U 寿命极长，而且存在于土壤、岩石中，所以氡也随着不断生成。氡气是自然界中最重的气体也是唯一的天然放射性惰性气体，无色无味，不易被人察觉到。氡进入人体后本身不造成伤害，但是氡衰变发生的 α 粒子可在人的呼吸系统中造成辐射损伤，诱发肺癌。有研究成果表明，氡是除吸烟以外引起肺癌的第二大因素，世界卫生组织把它列为 19 种主要的环境致癌物质之一，国际癌症研究机构也认为氡是室内重要致癌物质。

既然氡如此有害，我们要怎么防护它呢？因为氡无处不在，遍布在我们的生活环境中，想完全避免是不现实的，但是可以想办法把氡对人类的影响降到最低。先看看氡的特性：氡可微溶于水和血液，易溶于煤油、汽油、苯、甲苯、二硫化碳等有机溶剂，特别是能溶于脂肪。氡及其子体能被许多固体物质吸附，吸附力最强的是各种活性炭，其次是橡胶、石蜡等。这是一种物理吸附，其吸附能力随温度的升高而急剧下降。例如，常温下活性炭能吸附几乎 100% 的氡，加热到 350℃，氡又全部解吸附下来，此特性常用来除去气体中的氡及监测环境和生物样品中的微量氡。

室外氡气的浓度不高，但是在室内尤其是厨房和卧室，空气流动较差，氡的含量较高，需要我们特别警惕。了解室内高浓度氡的来源，有助于我们对氡进行认识和防治。

6.6.2　室内氡的来源

室内氡的来源主要有以下几个方面。

从房基土壤中析出的氡：在地层深处含有铀、镭、钍，岩石中也可发现高浓度的氡。这些氡可通过地层断裂带进入土壤和大气层。在建筑物里，氡就会沿着地的裂缝扩散到室内。对北京地区的地质断裂带进行的检测表明，三层以下住房室内氡含量较高。

从建筑材料中析出的氡：1982 年联合国原子辐射效应科学委员会指出，建筑材料是室内氡的最主要来源，如花岗岩、砖砂、水泥及石膏之类，特别是含放射性元素的天然石材，易释放出氡。从近期室内环境检测中心的检测结果来看，此类问题不可忽视。

从户外空气中进入室内的氡：在室外空气中，氡被稀释到很低的浓度，

几乎对人体不构成威胁，可是一旦进入不通风的室内，就会造成大量的氡积聚。

从供水及用于取暖和厨房设备的天然气中释放出的氡：只有当水和天然气中氡的含量比较高时才会有危害。

因此，为了减少氡的危害，我们要保持室内良好通风。试验证明，一间氡浓度在 151 Bq/m³ 的房间，开窗通风 1 小时后，室内氡浓度就降为 48 Bq/m³。同时，在建筑施工和居室装饰装修时，尽量按照国家标准选用低放射性的建筑和装饰材料。另外，减少或禁止在室内吸烟也有一定的效果。现在室内普遍用空调，人们经常在使用空调时把房门、窗子紧闭，使室内密不透风。殊不知这样对健康极其不利，氡气在室内积聚的浓度会越来越高，给人们带来的危害也增加了。冬天，我们宁可多穿点衣服，也不要总是待在密闭的空调房间内；夏天，我们也要经常给空调房间通风，不要只顾一时舒服，而吸进去太多的氡气。

我们要提倡健康的生活方式，提倡节约电力，少用空调，不搞过度装修，这些都是减少氡气危害的自我保护方法。

6.7 生活中的放射性污染

1. 食物中的放射性物质

除氡外，还有一种生活中处处都有并部分存在于食物中的放射性物质—^{40}K。已发现的钾同位素从 ^{32}K 到 ^{55}K 共 25 种（其中 ^{38}K 有两种不同的能量状态），常见的稳定的钾是 ^{39}K。钾的放射性同位素一般是指 ^{40}K，^{40}K 放出 β 射线和 1460 千电子伏特的 γ 射线，半衰期为 1.277×10^{9} 年。

蔬菜、海草、肉类、牛奶、大米等都含有 ^{40}K，摄入体内后，用灵敏的特殊仪器可检测到我们身体里发出的射线。有人会问，放射源进入体内会对内脏器官造成伤害，那么 ^{40}K 进入人体后为什么没有明显的反应呢？问题是 ^{40}K 的半衰期为 13 亿年，而人的平均寿命只有 80 年，在有限的生命期间，^{40}K 放出的辐射量是微乎其微的，就是 ^{40}K 在人身体中一辈子不被排出，释放的辐射剂量也是微不足道的。

2. 饮用水的核污染

饮用水源地需加强环境保护，谨防饮用水受到核污染。受放射性物质污染的水不能直接饮用。如果用受放射性物质污染的水浇灌农作物、蔬菜，其放射性物质含量会增高，食用有害人体健康。我国矿泉水水源丰富，其中也有不少水源在流经途中受到人工或天然的放射性污染。据报道，某些盲目开发的矿泉水水源中含氡浓度超标，长期饮用会危害身体。因此，各地有关执法和监督部门，对矿泉水的开发项目要严加管理，不仅要严格控制商品矿泉水的卫生指标，还要重视它是否受到放射性物质的污染。

3. 煤的放射性污染

近些年来，人们对于核武器和核电站对环境的污染已有较深刻的认识，但是对于传统的煤电站是否会增加环境中的放射性污染，人们并没有给予足够的重视和研究。

1982 年，美国橡树岭国家实验室根据环保局提供的数据进行过计算，煤中铀和钍的平均含量分别为 1.3 μg/g 和 3.2 μg/g，全美国的燃煤电站耗煤 6.16 亿吨／年，实际上以不被察觉的方式将 801 吨铀和 1971 吨钍释放到环境之中，其中 ^{235}U 为 11471 磅。推而广之，全球的煤年消耗量为 27 亿吨，释放的铀为 3640 吨，其中 ^{235}U 为 51700 磅，钍 8960 吨。相比之下，1982 年美国的 111 座核电站仅使用 540 吨核燃料发电。因此，《橡树岭国立实验室评论》指出："从煤燃烧释放的核成分远超出美国的核燃料消耗量。"

我国科学家也曾做过煤对环境的放射性污染调查。江西省工业卫生研究所对江西萍乡的安源、巨源、青山煤矿和江西另一较大煤田的丰城、新华煤矿取样检测，发现它们的平均铀和镭的含量为 2.4 μg/g。

煤对环境水源放射性污染，主要来自烧煤烟囱、水幕除尘及水洗炉灰的废水、煤矿坑道水和选煤废水，以及露天煤场受雨水淋洗的渗出水。在对某电厂的废水和某选煤厂的废水进行检测后，发现铀的含量是普通水的 20 倍，镭含量则为普通水的 15 倍。

煤对大气的放射性污染，主要来自烧煤工厂烟囱、选煤厂干燥煤的烟气和生活用煤排出的烟尘等。某电厂周围大气中氡的放射性浓度在下风侧污染区高于上风侧对照区，污染区平均浓度比对照区高约2倍，而且污染区的浓度已超过放射防护规定对广大居民区的允许水平。另外，还可以得知对照区每次测定都基本稳定在同一水平，即天然本底水平，而污染区则随风速的大小略有变化，每次测定总是高于对照区，这肯定是受电厂煤烟污染所致，因为煤中铀、镭衰变产物在燃烧过程中可呈放射性气溶胶形式从烟囱排入大气中，可通过呼吸道进入人体。成年人每天大约呼吸2万升空气，在污染区生活的人吸入的氡是不容小觑的。

煤燃烧产生的煤灰渣是主要的放射性污染源。在"三废"（废水、废气和废渣）的综合防治回收利用过程中，为煤灰渣找到了新用途。例如，利用煤灰渣作原料制造煤渣砖、煤渣水泥；含钾、钙、磷、镁高的煤灰渣还可以直接施放农田作肥料用。但是煤灰渣中的放射性物质并没有除掉，仍然随着制成品扩散到环境中。煤灰渣或制成品在水的作用下，都会有一部分放射性物质被溶解出来，水是一种很好的溶剂。煤灰不仅可以污染水，还可以污染大气，因为煤灰中的放射性衰变产物氡可以扩散于大气中。

目前，大部分国家和机构并未察觉到烧煤的电站具有这种像核电站一样的危险，甚至更危险——这是因为大量的铀和钍并未作为放射性废物对待。这也是一个亟待解决的重要问题。

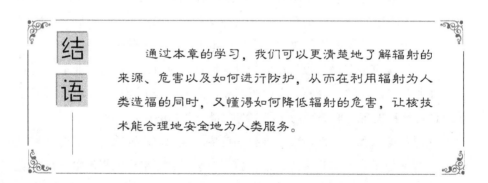

结语　　通过本章的学习，我们可以更清楚地了解辐射的来源、危害以及如何进行防护，从而在利用辐射为人类造福的同时，又懂得如何降低辐射的危害，让核技术能合理地安全地为人类服务。

第七章

核辐射测量

本章主要介绍核辐射探测器、探测方法及一些与辐射有关的物理量的测量。

核辐射测量是核科学的重要组成部分。基于各种辐射与物质的相互作用特点，发展出许多探测方法和仪器。通常核辐射的测量装置由两部分组成：核辐射探测器、电子记录仪器。前者是将核辐射的能量转换为电压或电流信号，后者是记录这些信号。

常用的探测器有三类：气体电离探测器（利用辐射在气体中产生的电离）、闪烁探测器（利用辐射在闪烁体中产生的发光）和半导体探测器（利用辐射在半导体中产生的电子和空穴）。

针对不同的辐射线，发展了不同的探测方法，这里主要介绍低能射线的探测，探测射线的种类有 α、β、γ 射线和中子，最后介绍低水平放射性的测量。

与辐射有关的物理量的测量包括：放射性活度的测量、射线能量的测量、放射性半衰期的测量、射线通量的测量、能谱的测量、角分布的测量等。

与核探测器配套的电子学仪器的内容与其他学科的微弱信号的记录是共通的，在本章不作介绍。

7.1　核辐射探测器

7.1.1　气体电离探测器

早期应用最广泛的探测器就是气体电离探测器，这是电离室、正比计数管和 G-M（盖革 - 米勒）计数管的总称。它们的工作原理都是射线使气体电离，再收集电离产生的电荷达到记录射线的目的。下面具体介绍气体中的电离现象。

与在固体中相似，射线或带电粒子在通过气体时也会与气体分子碰撞而逐步损失能量。气体分子从中得到能量，结果可能使气体分子电离或者激发——如果分子得到能量足够多，可以使分子的原子中的电子脱离原子核而成为自由电子，同时产生一个正离子，也就是气体原子发生了电离；如果得到的能量不足以使电子电离，则可能使电子从较低的能级跳到较高的能级上，而使原子处于激发态，这种现象称为激发。如果电离中产生的次级电子得到的能量比较大，大于气体原子的电离能，还可以再次引起气体电离；如此继续下去，在粒子行进途中会引起大量的电子－离子对。

粒子在单位路程上产生的离子对数目为比电离。各种粒子的比电离各异，α、β、γ射线在气体中的比电离分别为每平方厘米几万、几千和几对。其中γ射线本身不产生电离，而是通过次级效应产生少数的离子对。

在气体中如果不存在电场，产生的电子和正离子将在气体中做无规运动，运动结果是离子对可能被扩散、负离子形成（电子被气体分子捕获）和复合（一个电子遇到一个正离子复合成一个原子）。

在外加电场下，电子和正离子会沿着电场方向或相反方向运动，这种定向运动称为漂移运动，形成可供测量的电离电流。

电离电流随着外加电场的变化情况可以分为五段来描述（图7-1）。

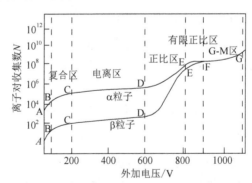

图7-1　电离电流随着外加电压变化的关系

第一段，电离电流随电场逐渐增大，这一段称为复合区。此时的电场微弱，电子、正离子的运动缓慢，故在做漂移运动时，被复合的可能大于到达电极形成电离电流的可能，所以电离电流很小；但是随着电场的增强，离子对的漂移速度加快，复合的可能减少而到达两极被收集的可能增加，所以电离电流逐渐增大。

第二段是电离区。该段的特点是随着电场的增强，电离电流不再增加，形成一个坪区，显示所有的离子对都被电极收集。

第三段是正比区。该段特点是随着电场增强，原始电离的电子被加速，将引起新的电离，则两极收集到的离子对要比原始的离子对大得多，大到几倍到几千倍，电离电流也随着增加。这种电离电流的增加是与电场的增强成正比的，所以称为正比区。

第四段为有限正比区。此时随着电场的增强，电离电流的增加变慢了，这是由于此时在两极间作漂移的正离子开始堆积（正离子比电子重而漂移速度慢），形成一个空间电荷区，使电场削弱而限制了电子的增殖。此时电场与电离电流的增加不成正比。

第五段为 G-M 区。当电场增加到非常强时，不管空间电荷影响是否大，只要入射粒子能引起一次电离，原始电离就会发展成一系列雪崩式的电离，产生数目极大的离子对，输出信号（电离电流）极大，便于测量。但是，此时的信号已与入射粒子的类型和能量无关了。再继续增加电场，不论有无入射粒子，气体都会连续放电，已不能用于测量了。

通过以上讨论，我们已经知道，利用第二段区域电离室区的工作原理可以用来制作电离室。电离室由于没有气体放大作用，所以输出信号微弱，广泛用于放射性气体测量、剂量测量。特点是测量范围宽、能量响应好、工作稳定。

第三段是正比区，利用其工作原理可以制作正比计数管。它的特点是输出脉冲的幅度与射线的能量成正比，而且其幅度比电离室大几千倍，所以可以用来测量电离本领较弱的 β 和 γ 的能谱。

第五段是 G-M 区，利用其工作原理可以制作 G-M 计数管。G-M 计数管是最常用的射线探测器，它的优点是只要有一对离子产生，入射粒子就能被记录，而且输出幅度大、需要的电子配套仪器简单。它广泛应用于 β 放射性样品测量、β 和 γ 的剂量监测、强辐射测量和同位素仪表（如测厚仪）等，在医学上小型的 G-M 计数管可以方便地进入患者体内，测量患者体内的放射性。缺点是不能分辨放射性种类，不能进行能谱测量，只能判别有无放射性。

7.1.2　闪烁计数器

闪烁计数器的工作原理是，利用射线使闪烁体发光，引入到光电倍增管放大并转换成电信号输出到计数器。闪烁计数器由闪烁探测器和电子仪器组成，根据所探测的射线种类，可选择不同的闪烁体和光电倍增管，它的优点是分辨时间短，对 γ 射线的探测效率高，可以测量射线的能量，是目前应用最广泛的核辐射探测器。

1. 闪烁体

先介绍闪烁体的特性：在射线的照射下发光的物质很多，可选择其中发光效率高而且在相当宽的射线能量范围内发光效率保持不变的材料作为闪烁体；同时要求发出的光的频率与光电倍增管的光谱响应匹配；要便于加工成大体积、多种形状的闪烁体；闪烁体的耐辐照性能好等。

常见的闪烁体有固体、液态闪烁体。固体闪烁体分为无机闪烁体和有机闪烁体。无机闪烁体是在无机盐的晶体中掺杂少量激活剂制成，用铊激活的碘化钠晶体 NaI（Tl）是最常用的，它发光效率高，发光衰减时间短（10^{-6} 秒），可制成大体积晶体，可测量 γ、X 射线强度和能谱；缺点是易潮解。目前常用的还有 BGO（锗酸铋）晶体，它的密度比碘化钠晶体高几倍，又不易潮解，可以制成大体积、各种形状的晶体，用于高能辐射的探测。我国生产的大体积 BGO 晶体大量用在丁肇中的高能物理实验中。

有机闪烁体可分为三种：有机晶体、塑料闪烁体、液体闪烁体。有机闪烁体的特点是发光衰减时间极短（可达 10^{-9} 秒），发光频率与光电倍增管匹配，材料用轻元素碳、氢组成，对 β 射线不易散射，适用于 β 射线的测量，制备容易，应用甚广。

液体闪烁体是由少量有机闪烁体溶于大量有机溶液中制成的，成本低、制作容易，可以用不同的配比来适应与光电倍增管的匹配要求。其最大优点是放射性样品可以溶解或悬浮在闪烁液中，可以避免空气及包装材料对放射性的吸收，所以液闪法特别适用于氚、^{14}C 等低能 β 核素的测量。

塑料闪烁体是含有机闪烁物质的固溶体，它的主要特点是发光衰减时间短，在纳秒级，光传输功能好，耐辐照性能好，性能稳定，机械强度高，耐潮湿，不需封装，成本低廉，易加工等，可用于 β、γ 射线的测量。在需要大体积闪烁体的 γ 射线的测量中，常用塑料闪烁体替代碘化钠晶体，以降低成本。

2. 光电倍增管

光电倍增管是一个光电转换元件。它由一个与闪烁体端面紧密结合的平面光阴极、一个 9～14 级倍增极以及一个电子收集极（即阳极）组成。光阴极的作用是通过光电效应将闪烁体发出的微弱光信号转换为光电子；在各倍增极上加以递增的电压，光电子经过倍增电子数可增加百万倍；阳极的作用是收集电子并输出（在负载电阻上形成电压脉冲）。

光电倍增管有各种不同型号，分别用于不同尺寸的闪烁体和对应不同闪烁光的频率响应，为了放大光信号，将光阴极做得很大，而且紧贴在闪烁体上，光阴极上涂与闪烁光频率匹配的光敏材料，以提高光电转换效率。

7.1.3 半导体探测器

半导体探测器是一种能量分辨率比较高、分辨时间短、体积小、能适用于多种射线测量的探测器。它的缺点是输出信号小，对 γ 射线探测效率低（低于碘化钠闪烁探测器），需要低温下保存与使用，价格贵，耐辐射性能差。

常用的 Ge（Li）和 Si（Li）半导体探测器分别用于 γ 射线和低能 X 射线能谱测量，它们都需要低温保存、低温下使用，所以探测器体积大（带液氮钢瓶），使用成本高（需定期补充液氮，探测器的制造工艺复杂）。高纯锗 HPGe 半导体探测器是改进的半导体探测器，具有同样的性能，但是可以在常温下保存及使用，极大地方便了使用者。但是，一般为了取得更好的功能，人们常采用在常温下保存而在低温下工作的方法。

测量带电粒子的半导体探测器是金硅面垒探测器，可测量α粒子、质子的能谱，也可用于β射线的强度测量，对重带电粒子的探测效率可达100%，由于体积小，对γ射线不灵敏，可用于低水平的放射性测量。

7.2 与放射性核素有关的物理量测量

7.2.1 射线类型的判别

对于α、β、γ射线的判别，我们已经知道，根据它们在电场中是否偏转及偏转方向即可确定，也可根据射线对物质的穿透能力来判别，α粒子能量为4～8兆电子伏特，一张厚纸就能把它挡住；核素衰变发射的β粒子能量不超过2兆电子伏特，用几毫米的铝箔就可以完全吸收；但是γ射线的穿透力较强，可以穿透很厚的金属板。

在日常生活与科学研究中，经常遇到的问题是：需要鉴定的样本中，是几种放射性核素的混合物。每种核素放出的射线和能量不同，这给辨别射线的类型造成了困难。对于穿透情况比较接近的低能β粒子和高能α粒子及其伴生的γ射线，可用一层层厚度相同的吸收片（如铝箔）和计数器测出射线的吸收曲线，横坐标是铝箔厚度，纵坐标是穿透粒子的计数。若是高能α粒子，曲线开始是平的，到曲线尾端才有一个布拉格峰（Bragg峰，粒子治癌即基于此原理）；而电子的吸收曲线是类似指数曲线的形状。如果曲线底部有一个水平的抬高，相当于曲线的横坐标向下移动了，这是伴随的γ辐射的吸收曲线。如果出现这种情况，就可以判别在α或β衰变中伴随有γ的辐射。

7.2.2 半衰期的测定

各种放射性核素的半衰期差别很大，长的达几十亿年，短的不到1秒。测量长寿命核素和短寿命核素的半衰期，对探测器与电子仪器都有较高的要

求。这里主要介绍中等寿命核素的半衰期测量。

1. 中等半衰期的测定

样品中只有一种放射性核素，可用测量放射性核素活度的办法来测量。最简单的做法是每隔一段时间测量一次样品的放射性活度，作出活度的关系曲线，当活度衰变成初始活度的一半时所用的时间就是该核素的半衰期。

对于含有多种独立衰变放射性核素样品，测量就比较复杂。样品中若有两种放射性核素，所测得的放射性活度是两种核素放射性活度之和；若一种核素的半衰期大于另一种，则可在第二种核素衰变殆尽时测量第一种核素的贡献，然后在总放射性活度曲线中扣除第一种核素的贡献，就可求出第二种核素的半衰期。

还有更复杂的情况，即样品中的放射性核素并非独立，而是长衰变链中的一个核素，这种此消彼长关系相当复杂，这里就不讨论了，有兴趣可参阅更专业的论著。

2. 短半衰期的测定

放射性核素的半衰期为秒级，可用衰变曲线法来测量核素的半衰期，用多路定标器进行自动测量。时间段可取得很短，可用一个时钟脉冲发生器来控制。一个时间段的衰变计数记录到多路定标器的一个道中，下一时间段的计数就由道址推进器记录到下一道中，依序而行，将多路定标器中的各道计数作计数－道数曲线，就是衰变曲线。

更短的半衰期可以用延迟符合法来测量其寿命。

3. 长半衰期的测定

对于半衰期为数年的放射性核素，其半衰期可以用差分电离室来测定。差分电离室由两个工作电压相同、极性相反的电离室组成。其中，一个电离室测量已知半衰期极长的放射源，另一个电离室测量未知的放射性核素，两个电离室电离电流的差可以记录下来，测量几天的衰变数据后，就可以得到寿命为半年至数年的半衰期。

7.2.3　γ能谱分析

γ射线的发射是大多数α、β核衰变过程中都伴随着的现象，因为核衰变之后，生成核素一般处于激发态，要通过发射γ射线回到基态，而每个核素发射的γ射线都具有其特征能量。这一特点使γ射线能量测定显得相当重要，可以通过样品γ射线能谱的测量辨别样品是由哪些放射性核素组成的，甚至可以测出放射性核素的含量。

最简单的测量γ射线能量的办法是吸收法。对于单一能量的γ射线，吸收法是可行的，但是如果有两种或两种以上的γ射线混合在一起，测量就困难了；或者两种γ射线的能量比较接近，吸收法也很难区分它们。于是，人们制作了γ能谱仪。常用的γ能谱仪是碘化钠 NaI（Tl）闪烁探测器加多道脉冲分析仪，或者 Ge（Li）半导体探测器加多道脉冲分析仪。它们的工作原理是，γ光子在探测器中产生的光电脉冲幅度与γ射线的能量成正比，用多道脉冲分析仪测量脉冲幅度，可确定γ射线的能量。现在的γ能谱仪都用计算机自动控制，能谱的测量和分析都很方便，且精确度高。

7.2.4　α能谱和β最大能量的测定

1. α能谱测量

具有α放射性的天然放射性核素是原子序数大于82的重核。对于这些核素的检测，测定其特征α能谱是一个重要方法。

α能谱的测量有三种方法：① 电离室；② 磁谱仪；③ 半导体能谱仪。早期，人们是用一个平板电离室来测量的，但是其能量分辨率很差。后来对平板电离室进行了改进，在高压电极、集电极之间加了一个栅极，具有屏蔽作用，消除了正离子对集电极的感应，使得电离室输出的脉冲完全正比于α粒子的能量。

用磁场来测量带电粒子能量的装置称为磁谱仪，图 7-2 是其原理图。放射源 S、感光胶片 R、限束光阑 A 都放在一个扁平的真空盒里，带电粒子受到限束光阑的限制，以很小的发射角向外发射，在垂直盒子方向上加一个均匀磁场后，从放射源出来的带电粒子受到磁场的作用，在磁场中发生偏转，最后落到胶片上，形成一条谱线，带电粒子的能量大，偏转角度大，形成的半圆的半径也大，打在胶片上的谱线距放射源的距离远；带电粒子能量小，半圆半径小，在胶片上形成的谱线距放射源近。

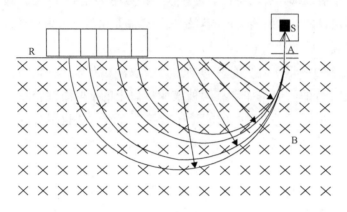

图 7-2　磁谱仪的原理

α 放射源的能量一般不是单一的，如 ^{228}Th 的 α 粒子有四个能量。

目前常用的 α 能谱仪，用的是金 - 硅面垒型的探测器。其系在硅基底的 pn 结上蒸镀一层数百微米厚的金薄层，在硅基底与金层两端面各引出电极，加上偏压，就在金-硅界处形成一个位垒区，带电粒子入射该位垒区时损失能量而产生的电子空穴对被两极收集。金-硅面垒探测器灵敏区厚度薄，一般只宜探测穿透性能不强的 α 粒子和重离子。

2. β 能谱测量

通常的 β 射线是连续能谱，测量 β 能谱的装置是磁谱仪。但是，β 射线是电子束，它的质量比 α 粒子要小得多，因此同样能量的 α 粒子和电子，α 粒子的速度慢，而电子的速度快得多。例如，4 兆电子伏特 α 粒子速度约为光速的 5%，属于非相对论性粒子，而电子此时速度可达光速的 99.5%，必须考虑相对论的影响。所以，电子在磁谱仪上显示的谱线与电子能量的关系，在计算时要进行相对论修正。

另外，磁谱仪上显示的能谱，α 能谱和 β 能谱也是不同的。α 能谱是分立的几条谱线，而 β 能谱是连续的，这是因为 β 衰变时中微子分走了部分能量，在 β 能谱中，距放射源最远的一条能谱对应的就是 β 衰变的最大能量。

7.3 放射性活度测量

放射性活度的测量实际上只是对放射性原子的个数进行计数，而不涉及辐射的种类以及放出射线的能量等。放射性活度指的是样品在单位时间内发生衰变的数目，单位是贝可勒尔（Bq），其定义是每秒 1 次衰变。

放射性活度的测量方法很多，但是归结起来就是两类，一类是绝对计数法，另一类是相对计数法。选择何种计数法取决于待测射线种类、所用探测器、射线能量高低等。对于强吸收、弱散射的射线（如 α 粒子、离子、50 千电子伏特以下的 X 射线）用直接测量法可以达到较高的精度；而对于弱吸收、强散射的射线，主要是 γ 射线、中子等，相对测量有很大的优越性，特别是采用高灵敏度、高能量分辨率的探测器时更为有利。

直接测量时，在一个适当的时间间隔里，记录计数系统的计数，进行源-探测器位置和探测器的探测效率修正后，作一些简单的计算，就能得到源的活度。当然，这个待测源应是一个纯度高且仅有单个放射性核素的源，没有两种以上放射性存在。

若存在多个放射性核素的源活度，则可采用相对测量法。把一种或者多种 γ 射线的放射性核素和具有相同种类放射性核素的标准源（放射性活度已知）进行对照测量，保证每次测量条件相同，然后将得到的结果逐个进行换算，就可以得到待测源的活度。

总之，直接测量虽然原理简单，但是探测系统、计数系统都要进行效率刻度，还要进行源对探测器所张的立体角修正；而间接测量则需要有一套标准源，由于标准源也在不停地衰变，所以使用时要把出厂时的源强修正到当前源强。

结语

　　辐射探测器是将看不见、摸不着的辐射转换为可以用仪器显示出来的光电信号的装置。所有的辐射探测器的原理都是基于不同辐射对物质的某种相互作用。人们利用辐射在气体中产生的电离作用制造了电离室、计数管；利用辐射在固体中发光的作用制造了闪烁计数器等。本章在介绍各种辐射探测器的同时还介绍了由探测器与专用电子仪器组成的各种能谱仪，以解决辐射测量的问题，并以一定的篇幅介绍了一些重要辐射参数的测量方法。

　　探索物质本源的粒子物理学，为了探寻更多的基本粒子和研究其性质，需要制造更大体积的和更加灵敏的探测器；而为了放射医学的需要，则需要发展微型而灵敏的探测器；有时则需要多个探测器组成的阵列，以取得在线的灵敏测量效果。随着核科学技术的发展，作为探测核辐射眼睛的核探测器必定会进一步得到发展。

第八章

中子活化分析及其应用

8.1　中子活化分析

什么是中子活化分析？中子很容易进入物质的原子核内，与其发生相互作用，在适当的能量条件下这种相互作用就可产生（n，γ）核反应，一种靶核的（n，γ）反应，有其特定能量的γ射线（特征γ射线），因此可进行元素分析。中子活化分析，通常是指基于反应堆的热中子活化分析。还有基于中子发生器的14兆电子伏特中子的活化分析，称为快中子活化分析。

8.1.1　中子活化分析的特点

除快速、灵敏外，多元素同时分析是中子活化分析的主要特点：可在测得的γ射线能谱中方便地识别样品中的多种元素，可同时分析 30～50 种元素。

8.1.2　热中子活化分析

通常的中子活化分析又称为仪器中子活化分析，被测样品不作预先处理放在样品盒里，用管道送到反应堆里进行中子照射，再将样品送至测量室，用探测器测量γ能谱，再用多道计算机进行能谱处理。注意，根据核反应生成核素的半衰期的不同，选择不同的照射时间、冷却时间（在照射结束后到测量开始前的时间间隔称为冷却时间）和测量能谱时间。如果生成核素的种类多，能谱复杂，可能在照射后要进行多次测量，以区分不同长短半衰期的核素。

这种活化分析的样品没有破坏其物理特性，对于那些珍贵样品，如月球岩石等，尤为必要。但仪器中子活化分析也有缺点，由于未将待测同位素作放射化学分离，样品中含量极微的成分就很难分析出来。相比之下，经放化分离的中子活化分析，探测灵敏度要高得多。然而，这是破坏性的活化分析，需对样品进行放射化学操作，进行相关放射性同位素的纯化、分离后，再测量其放射性，可提高活化分析的灵敏度和精确度。例如，在分析水中的汞时，由于水中钠、氯等常量元素的干扰，仪器中子活化的分析灵敏度仅为几百 μg/g，经放化分离后，可提高到 10^{-10} g/g 水平。

还有些场合需要对元素的化学种态进行活化分析。所谓化学种态即根据其分子、配合物、电子与原子核结构所确定的某元素的特定形态。有时，需了解元素的化学种态，才能对其在生物、环境领域中的行为作出科学解释。活化分析与各种有效的物理、化学或生物分离等技术相结合，能完成分子水平或细胞水平上的活化分析。

目前分子活化分析的领域主要集中在环境、生命科学和地学领域。如研究生命必需元素与有毒元素在环境中的化学种态，微量元素和生物大分子的结合和作用，以及它们在细胞内和亚细胞组分中的分布，微量元素在环境和生物之间以及生物体内部各器官和体液之间的转移与元素化学种态的关系等，主要涉及铂族元素（PGE）、稀土元素（REE）、铬（Cr）、碘（I）、硒（Se）、汞（Hg）、砷（As）、有机卤素等元素的种态分析。

8.1.3　快中子活化分析

热中子能区为电子伏特量级，其运动速度大体等同于常温下气体分子的运动速度，很容易与靶核发生碰撞（反应截面大）。14 兆电子伏特快中子的反应截面不足热中子的 1/1000 而且反应堆的热中子注量率达 $10^{12} \sim 10^{13}$ n·cm^{-2}·s^{-1}，而中子发生器产生的快中子注量率至多为 10^{9} n·cm^{-2}·s^{-1}。基于这两点，热中子活化分析的探测灵敏度比快中子高得多，而且生成中子的成本要低一些，所以热中子活化分析在中子活化分析中处于主流地位。但是快中子活化分析也是不可或缺的。这是因为对于某些轻元素，快中子有共振反应，截面比热中子大。比如，热中子与氧核不发生反应，而快中子与氧核的共振反应有6.13 兆电子伏特 γ 特征峰，一般元素的 γ 特征峰都在 1 ～ 2 兆电子伏特，6 兆电子伏特左右没有其他元素的干扰，很容易辨别。用快中子活化分析测量金属中的含氧量可达很高灵敏度。此外，快中子发生器可以做成小型便携式的中子管，可以用于探矿、测爆、刑侦等现场。总之，快中子活化分析与热中子活化分析，两者是互补的。

8.2　中子活化分析的应用

中子活化分析是在 20 世纪 30 年代发展起来的，50 年代用来解决超纯材料分析，70 年代后，活化分析更大规模地用于环境、生物、医学和地球化学等学科中。

8.2.1　在原子能工业中的应用

原子能工业使用的材料一般都有特殊要求，如石墨、锆、铝、钢、钨等。石墨在反应堆中用作中子的慢化剂，不能含有对中子吸收截面大的材料（如硼、铝、钴等），石墨纯度要达到 99.9999%。石墨中微量元素可用活化分析法测定。锆的中子吸收截面小，常用作反应堆燃料棒的外壳材料，但是锆中不能带有铪。测定锆中的铪，用化学方法比较困难，因为它们是同族元素，化学性质接近，而中子活化法可方便地测定铪。铝是核燃料元件的包装材料或照射材料，对纯度要求极高，普遍采用中子活化法测定铝中杂质。钢中往往含有钴，在辐照后会产生半衰期为 5.271 年的 ^{60}Co，给材料的处理带来麻烦，所以要用中子活化分析测量钢中钴的含量。

中子活化分析的另一个用途是核燃料分析，分析核燃料铀或钍中的稀土元素和其他杂质，再用各种方法分离稀土元素，获得高纯度的核燃料；还可以进行核燃料使用前后 ^{235}U/^{238}U 比值测定。

中子活化分析又是铀矿分析的一项重要方法。例如，可以通过测活化产物镎 ^{239}Np 的 γ 放射性来定铀的含量；可以通过测定 ^{233}Po 来定钍的含量等。

在原子能工业的放射性核材料的生产、输运、存放、管理过程中，还可以用中子活化分析来测定放射性材料的损耗。

8.2.2　在生物、医学中的应用

生物体内除碳、氢、氧、氮等主要组分（达 96%）外，还有近 20 种微量元素，如钾、钠、钙、镁等约占 3.6% 的组分，其余占 0.4% 的就是各种痕量元素。痕量元素含量虽极微，但是在生物体的生命活动中作用却不小。按照这些元素对生物体的作用和效应可以将其分成三种：必需元素、有毒元素和作用尚未确定的元素。必需元素有铁、锌、铜、锰、碘等；有毒元素有铍、镉、汞、镓、铊、铅和砷等；作用不明的元素有铷、铝、稀土、钡等。这些元素在生物体内以金属酶、金属蛋白酶和金属激活酶的形式存在，与生命活动关系重大，所以研究痕量元素的行为是很重要的。活化分析是一种理想的分析痕量元素的方法，不仅是它的灵敏、准确，而且因为其非破坏性，无试剂空白，已被作为生物学家的标准分析方法而使用。

主要有如下几方面的应用：测量生物组织中痕量元素的浓度及代谢过程；跟踪体内痕量元素浓度的动态变化；体内活化分析；寻找生物体疾病与痕量元素的关系等。比如，有的患者的核酸中钴含量比正常人高 20 倍，或用放射性 ^{129}I 长期观察甲状腺的新陈代谢过程。体内活化分析的操作比较复杂，照射剂量不能太大，所以只能测量体内含量比较高的元素，如全身钙的变化、甲状腺中碘的变化等。已经得到一些痕量元素与疾病关系的结果：如硒含量低的地方往往癌症的发病率高，还发现硒能防止心脏肌肉的衰竭，而镉能增加心脏病的发作与死亡等。

在生命科学中涉及的微量元素分析课题主要包括：①正常人组织和体液中微量元素的含量；②微量元素与疾病和健康关联研究；③必需微量元素的代谢和生物利用率研究；④微量元素代谢机制及生理、病理作用研究。

8.2.3　在环境监测中的应用

日益严重的环境问题，已引起公众关注。近半个世纪以来，因其快速、灵敏和多元素同时分析的特点，中子活化分析大量用于对环境的监测——对水系、土壤和空气的广泛调查以及对于废水、废气和废渣的分析等。

例如，环境中有机氯，是一种持久性的有机污染物，主要包括有机氯农药、多氯联苯以及近年来备受关注的二噁英类物质。国际上已禁用或限制使用这类物质。它们难以降解，具有亲脂憎水性，能在生物脂肪或器官中产生生物累积，并沿食物链逐级放大，所以在大气、水体、土壤等环境中的残留量很高。对这些物质的分析是近年来的研究热点，也是难点。传统的有机氯分析法是，对样品进行提取、分离、净化后，用气相色谱－电子捕获检测器联用仪（GC-ECD）或气相色谱－质谱联用仪（GC-MS）测定。这些方法能准确测定某些有机氯污染物，主要是人类合成的有机氯污染物，但不能对样品中的所有有机氯物质进行定量和定性分析。中子活化分析通过 ^{37}Cl（n，γ）^{38}Cl 反应，利用 1642.4 千电子伏特 γ 射线测量 ^{38}Cl 的活度（$t_{1/2}$=37.24 分钟），可对各种有机氯污染物进行定量分析，检出限可达几十纳克。

1. 水的中子活化分析

水圈由地球表面的江、河、湖、海水和地下水组成，占地球表面的70%。水是环境中比较活跃的要素，又是维系生命的源泉。对于各种水的组成、分布特征、来源和形成的研究与分析，有助于水资源的开发利用，改善人类的生存环境。人们对各种淡水、海水和地下水的中子活化分析方法分类进行了分析和研究，从取样、储存、浓集到辐照、测量分析，进行了系统的工作。例如，对湖水取样，要在不同深度和表层分别采集，对原始样品进行过滤，将溶解态、固体沉淀物（包括悬浮态物质）分别进行测量，通过对铁族元素、碱土元素、稀土元素和其他稀有元素的测量，得到各种水的微量元素含量主要与水的成因、存在方式（河、湖、水库、地下水）、人类活动（人口密集和工业污染）和岩性（地下水的微量元素取决于围岩性质）有关。

对饮用水进行了系统分析，用中子活化分析法分析了各种矿泉水的微量元素，发现山东泗水、青岛崂山、热河、新疆胜金、长白山、黑龙江五大连池的矿泉水矿化程度高、水质好，有明显的治病效果，如钠钙比、钠钾比低，锶、钡浓度较高等。

2. 土壤的背景值监测

土壤是地球表面气圈、水圈、岩石圈和生物圈交界面上的自然体，是人类生存、发展的基础。土壤既为生命体提供营养元素，同时又是有害元素进入、迁移和积累的主要介质。许多危害人类的地方病——克山病、大骨节病是土壤中缺硒引起的，土壤的镉污染可以引起"痛痛病"等。对土壤的微量元素调查，对于土壤的形成和演化、人类活动的影响以及疾病的防治也有重要意义。

　　人们对于自己居住地土壤的背景值是感兴趣的。所谓土壤的背景值，指的是土壤未受到人类活动影响时的各种固有组成和化学元素的自然含量水平。系统调查表明，各地的土壤背景值是不同的，在基本组成大体相同情况下，微量元素的种类与含量各异，如河北黄褐土、东北黑土、江西红土等，形成土壤颜色和性质的差别，在于所含元素的不同。科研人员利用中子活化分析进行各地土壤系统调查，以及用中子活化分析进行土壤中元素的含量分布、分配和变化规律的研究，以发现新的矿藏。

　　3. 大气污染的监测

　　大气气溶胶是分散在气体中的胶体颗粒，尺寸为 100 ～ 10000 纳米。气溶胶包括多种固体微粒和液体微粒，有的来源于自然界，如火山喷发、风吹起的土壤微粒、海水飞溅扬入大气后被蒸发的盐粒，以及植物孢子花粉、流星燃烧产生的微粒和宇宙尘埃等；有的来源于人类活动，如煤、油等矿物燃料的燃烧以及车辆的废气排放等。

　　气溶胶的作用可以反射阳光，使我们看到白日天空是蔚蓝的，落日时天空是红的；可以凝聚水滴和冰晶，形成降水过程。气溶胶的浓度过高，会对人类健康造成威胁，尤其是对哮喘患者及其他有呼吸道疾病的人群。空气中的气溶胶还能传播真菌和病毒，这可能会导致一些地区疾病的流行和爆发。

　　大气环境研究的对象主要是气溶胶。研究表明，粒径 < 10 微米，特别是 < 2.5 微米 的颗粒物（即 PM2.5）对健康构成主要危害。大气气溶胶含有多种元素，浓度范围为 $10^3 \sim 10^{-3}$ ng/m³，人类活动产生的气溶胶包含多种重金属元素以及一些难降解的卤素化合物，对人类健康危害更大。要求选用灵敏度高、准确度好的方法，才能进行有效的监测，而且需要进行多元素同时分析，其中有些元素是难溶的或易挥发的，要求用不破坏样品的方法分析。中子活化分析有着显著的优势，成为研究大气污染的主要手段。

8.2.4　在地球化学和宇宙化学中的应用

　　地球化学的主要任务是测定化学元素在各种地质样品中的丰度和分布，

以研究岩石、矿物的形成和演化机制。反应堆中子活化分析可高准确度地测定地质样品中的 50 余种元素，因此在地球化学研究中发挥着重要作用。近年来我国活化分析工作者与地质学家合作，发展了深部隐伏矿探测的"地气法"，即通过收集和测定深部矿体金属气溶胶经地壳毛细作用升至地面的气体中的多种痕量元素，推断矿体的存在。通过中子活化分析对地质样品中某些特定元素进行分析，可为火山成因说、混合说等不同地质模型提供证据。中子活化分析还可用于陨石学研究、宇宙尘研究、宇宙成因研究等。

对煤样品的中子活化分析表明：我国煤中的砷、铬、镉及铀都超过它们在中国大陆地壳中的元素丰度，砷甚至超过近 26 倍。西南三省（云南、贵州、四川）煤样品的砷、汞值远高于其他省区，且无烟煤中砷、铬含量都是烟煤、褐煤的 3 倍左右。因此，西南三省的部分燃煤，不宜作食品工业加工用煤，特别不应直接接触食品，如烘烤、烧烤等。

硒和硫属同族元素，它们以一定比例存在于天然物质中。测定原煤中硒浓度，可作为燃煤烟道气中含硫量的指示剂，原煤的硒含量是：褐煤＞烟煤＞无烟煤。原煤的稀土元素含量小于它们的地壳丰度值，无烟煤和烟煤中的稀土总量高于褐煤的稀土总量。

8.2.5　在隐蔽爆炸物的快速测定中的应用

现代恐怖分子使用的爆炸物往往具有隐蔽的特征，给快速鉴别带来了困难。以机场、车站的行李检查为例，要求一个行李通过检查的时间至多不超过数秒，误检率应尽量低，漏检率必须为零。现有的 X 射线成像方法只能看到行李中物件的形状，以及粗略地看到物件的密度大小，不能判别物件的组分。基于中子活化分析原理，用中子源或小型中子发生器轰击物体，周围布以阵列式探测器和计算机自动数据分析装置组成的快、热中子测爆装置，可以对机场、车站行李进行快速检测。笔者所在研究组在 20 世纪 90 年代开展了快中子测爆研究，用中子活化法分析样品的特征元素（氮、氧含量与氮／氧比），并用计算机模式识别方法以准确区分爆炸物与非爆炸物。具体方法是 14 兆电子伏特快中子的在束测量装置：一个屏蔽完好的中子源，一套样品输运装置，探测器阵列和计算机等；快中子与样品中的氮和氧发生（n，γ）反应，探测它们的特征 γ 射线（氮为 0.511 兆电子伏特，氧为 6 兆电子伏特）；然后计算机开始模式识别，样品库储存有许多爆炸物和非爆炸物的特征参数，将在线测量数据与样品库中数据进行比较即可获得结果。

同样的装置可用于许多在线分析，如对于到港或到站的矿石或原料是否符合标准作快速判别，无需装卸或者多次抽样。已有成果是对煤矿石的含硫量或放射性含量的快速在线鉴别等。

8.2.6　在考古学中文物产地鉴定和法医学中的应用

在刑侦技术中，经常要判断同一性的问题，如不同来源的同类物品由相似的主要元素组成，而痕量多元素的含量则迥异，据此建立的多元素"化学指纹学"广泛用于考古学中文物产地鉴定和法医学中犯罪嫌疑人指认。以多元素、非破坏分析见长的中子活化分析在这一领域发挥了重要作用。

对于考古发掘的古玉器，需各种技术手段分析其产地和制作年代。古代或现代的玉器或材料，其微量稀土元素特征无法人工控制，从中可反映原料产地信息。用中子活化分析法可同时测定样品中数十种微量元素，且精度较高。

中国科学院高能物理研究所核分析实验室，系统收集了若干典型名窑发掘出土的古陶瓷样品 7000 余件，建立了古陶瓷标本库。用中子活化法分析了 5000 余个样品的"指纹元素"，以进行古陶瓷的产地推断、年代鉴定、古物分类及关联研究、生产起源推断、古器的制造技术研究等。例如，对古代青瓷的分析可以看出各种窑口的古瓷的产地特征。以越窑和洪州窑为代表的南方青瓷样品，多元素含量非常接近，但是它们之间具有可以区分的界限。以耀州窑为代表的北方青瓷样品与南方青瓷样品之间有很大的差别。南北方青瓷各自形成两个大类别，具有非常大的南北产地特点。实验分析结果将为遗址和墓葬中出土的古陶瓷产地研究提供重要依据。又如，古钧窑有着长期而稳定的基本相同的胎料和釉料，钧台窑专为宋代宫廷烧制御用瓷器，原料来源与其他古钧窑并无区别。而古汝瓷与古钧瓷的原料产地相同，经历的历史时期相同，考古中在同一窑址既发现有钧瓷，又发现有汝瓷，因此素有"钧汝不分"之说。中子活化分析结果证明清凉寺古汝瓷胎与古钧瓷胎同类，其釉与古钧瓷釉同类，说明古汝瓷与古钧瓷有着相同或相似的原料产地。

中子活化分析在法医学上的应用包括：枪击后持枪者衣服上火药燃烧爆炸释放的痕量沉积物的鉴定，口红、香烟等走私物品中微量元素的含量特征鉴定，用于文件鉴定的墨水中稀土元素及其标记物的含量测定，以及海洛因毒品样品中微量元素含量分析等。较有名的案例有：对拿破仑头发的中子活化分析结果表明，他很可能死于砷中毒，即他死前相当长时间内常服用含砷化合物（砒霜），导致其死于慢性砒霜中毒。

8.3　中子活化分析小结

与国际上活化分析发展趋势相似，我国的活化分析研究集中于生命科学、环境科学和地学等。虽然活化分析方法已趋于成熟，但面临 ICP-MS 等非核方法的挑战。不过，非核方法存在溶样、谱线干扰等问题，许多样品需花费大量精力去消除或降低各种干扰。除了非破坏性的仪器中子活化分析（INAA）外，预浓集、预分离、活化后放化分离等众多技术与中子活化分析（NAA）的联用，使分析灵敏度得到较大提高，可进行各学科中痕量、超痕量水平的元素分析。很多活化分析的研究团队还引进了 ICP-MS 等常规非核分析方法，与活化分析优势互补，共同用于交叉学科的研究。分析软件、探测器的迅速更新和自动测量系统的应用，也进一步增强了活化分析的竞争力。

8.4　其他核分析技术一瞥

除中子活化分析外，其他射线与物质的相互作用也可作为分析手段，简单介绍如下。

8.4.1　带电粒子核反应分析

用单一能量的质子或者氘核轰击样品，可进行样品表面的轻元素分析。例如，利用 830 千电子伏特氘束和 ^{16}O（d，p）^{17}O 反应，可分析金属或半导体表面的含氧量，金硅面垒探测器置于 150° 位置（相对于入射方向）。

带电粒子核反应在某些能量点存在共振现象，这时核反应截面突然升高，反应灵敏度特别高，可用低能小束流的加速器来实现核反应分析。例如，^{19}F（p，αγ）^{16}O 反应，质子能量在 870 千电子伏特时，反应截面很大，可用该反应分析植物、土壤中的含氟量，或者生物体骨骼、牙齿中的氟含量。这个核反应在质子能量为 340 千电子伏特处也有一个共振点，但是没 870 千电子伏特反应的截面大，利用 400 千电子伏特的高压倍加器就能产生上述核反应。笔者所在的研究组曾用此法完成了宝山地区土壤和梧桐叶的含氟量调查，以及对各种不同产地、不同等级茶叶中含氟量的系统分析。

8.4.2　离子束沟道效应与卢瑟福背散射技术

沟道效应是利用带电粒子与单晶体相互作用研究物质微观结构的一种分析技术。当带电粒子沿着单晶体的一定方向入射时，离子与晶轴和晶面上的原子的相互作用概率、离子的入射方向与晶轴和晶面的夹角有很大的关系，这种效应称为沟道效应。

卢瑟福背散射是将氦离子束入射到被分析的靶上，同时在散射角接近 180°（160° ～ 170°）放置金硅面垒探测器记录背散射的粒子，可测定样品表面杂质的深度分布。

以上两种技术结合可以对材料（被分析的样品）作结构性能分析，还可以作半导体材料的缺陷和杂质分析等。其优点是：可多元素同时分析，既可定性又可定量；可分析的内容多，有元素种类、杂质分布、薄膜厚度、组分配比等；不需要破坏样品，是无损分析，不仅可以作表面分析，也可分析多层样品；对重元素特别灵敏。缺点是：对轻元素不灵敏；不能提供样品的化学信息。

8.4.3　加速器质谱分析

考古界常用的 ^{14}C 定年，是测定木制品、纺织品、骨骼等考古样品中 ^{14}C 的衰变计数。^{14}C 由宇宙射线里的中子与 ^{14}N 的（n，p）反应生成，由 CO_2 进入全球碳循环。^{14}C 是弱放射性核素，半衰期为 5730 年。由于其半衰期远大于动植物寿命，动植物中的 ^{14}C 与 ^{12}C 之比与空气中的一样。而它们死亡后，其所含 ^{14}C 核的数量就开始衰减，测得考古样品的计数，可倒退该动植物的死亡时间。然而，由于 ^{14}C 的弱放射性，常规的定年往往需要千克级的样品量和数十小时的测量时间。关于耶稣裹尸布的真伪之争持续了几百年，用 ^{14}C 年代法可以判别真伪，然而，因需要剪下手帕大小的样品而遭到"都灵裹尸布协会"及红衣大主教拒绝；随着核分析技术——加速器质谱学迅速发展，因它的超高灵敏度和只需微量样品等优点而只需邮票大小样品，所以教会同意三个不同实验室同时检测。测试表明：所谓耶稣裹尸布决不会早于公元 1200 年。加速器质谱（AMS）则是测量未曾衰变的长寿命放射性同位素，分析灵敏度和准确度大大提高。AMS 的应用领域主要是地球科学、考古、环境、生命科学、材料科学、核物理和天体物理学，主要用来测 ^{14}C、^{10}Be、^{26}Al、^{36}Cl 等宇宙成因的同位素丰度。图 8-1 是典型 AMS 的结构示意图。

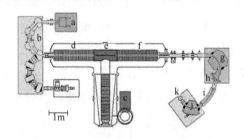

图 8-1　典型 AMS 的结构示意图

a：铯溅射离子源；b：注入；c：高频电源；d：串列加速器第一级；
e：高压端（2.5MV）与电荷剥离；f：串列加速器第二级；g：主磁铁；
h：法拉第筒；i：^{14}C 分析磁铁；j：90° 偏转磁铁；k：气体电离室探测器

AMS 一般基于串列加速器以及铯溅射负离子源。这可排除样品中常量原子 ^{14}N 的干扰（它无法形成负离子）。从离子源出来的负离子，经注入器（由一系列磁铁组成，以初步分离干扰离子）进入串列加速器第一级，在带正电的高压电场加速，并经电荷剥离成为正离子；在这里，电离分子（如 $^{13}CH^-$）被打碎。这些正离子被高压电场再次加速，而干扰离子则主磁铁分离殆尽。这时，能闯过层层关卡的仅是能形成负离子的等质量原子（如 ^{36}S 对 ^{36}Cl 测定的干扰），因这时的离子已被加速至很高能量，这个阻击任务就由分析磁铁和 90° 偏转磁铁担任。通过层层选择与鉴别，探测器可对唯一剩下的待测离子进行计数。AMS 对宇宙成因同位素的丰度（如 $^{14}C/^{12}C$）可达 10^{-15}，故也称为超灵敏质谱。

8.4.4　X 射线荧光分析

X 射线荧光分析的原理是用一定能量的质子、X 射线或重离子轰击样品，从样品中激发出样品原子的特征 X 射线，然后对这些特征 X 射线进行分析，得出样品中各种常量和微量元素的种类和含量。X 射线荧光分析已广泛应用于地质、冶金、材料、考古、生物科学与环境科学中。

还有一些 X 分析手段，如能量色散 X 射线荧光分析仪（EDXRF）和粒子激发 X 射线分析（PIXE）。

能量色散 X 射线荧光分析仪的基本工作原理是：用 X 射线管产生的原级 X 射线照射到样品上，所产生的特征 X 射线（荧光）直接进入 Si（Li）探测器，可以据此进行定性和定量分析。能量色散 X 射线荧光分析仪可以通过探测元素特征 X 射线并识别其能量（每种元素的特征 X 射线都具有特定的能量）来识别出被测样品中含有哪些元素；而具有某种能量的 X 射线强度的大小，是与被测样品中能发射该能量的荧光 X 射线的元素含量有直接联系的，测量这些谱线的强度并进行相应的数据处理和计算，就可以得出被测样品中各种元素的含量。

粒子激发 X 射线分析（PIXE）的基本工作原理是：用能量为百万电子伏特量级的粒子束轰击样品，激发了样品原子的内壳层（K，I，M，…）电子，使之产生特征 X 射线（K_α，K_β，L_α，L_β，L_γ，…）。测量这些由不同原子产生的特征 X 射线的能量，可获悉样品中的元素种类及其含量。粒子激发

X 射线分析是一个多元素分析的有力工具，能同时测定 30 多种元素，辐照面积小（直径为几毫米），最小探测量为 10^{-12} 克，不破坏样品。它的应用领域包括：地质科学，分析过渡族元素和稀土元素；环境科学，测量大气、气溶胶、水质、饮料、废水、废气、固体垃圾、土壤的元素种类、种态和含量；考古学，无损分析与鉴定。

8.5　几种核测量设备

核测量方法有准确与可靠、可在恶劣条件和非接触情况下使用等优点，在现代化、大规模化、自动化生产中获得广泛的应用。

8.5.1　料位计

料位计主要用于连续测量液体材料、块状材料和固体材料的料位，并且自动控制材料的进出量。料位计一般有两类：吸收式与跟踪式。吸收式料位计的放射源和探测器是固定的，分别安装在被测量容器两侧的同一水平上，当料位未达到该水平时，探测器接收的信号较强；当材料料位上升到该水平以上时，探测器信号锐减，材料装填即停止。跟踪式料位计的放射源和探测器均随料位升降，以保持探测器的测量值不变。

料位计应用非常广泛，如采煤、采矿的生产运输；化学工业的反应器、混合器的控制指示；酿酒、罐头、食糖加工；水泥、石灰的生产等。

8.5.2　厚度计与密度计

放射性测量厚度与密度的方法大体相同，将被测物体放在放射源和探测器中间的是吸收式的测量方法，放射源发出的辐射被材料吸收后强度减弱，探测器测到的是透射过去的辐射，如果材料厚度或者密度均匀，连续测量的探测器读数值应该保持不变。而将放射源和探测器放在被测物体同一侧的则是反射式的，探测器接收到的是放射源发出的辐射被材料反射后部分，同理，如果材料的厚度或者密度均匀，探测器测到的反射值也应该保持不变。

厚度测量的前提是材料的组成不变、密度不变，只有厚度是变化的，那么探测器测量到的辐射强度正比于材料的厚度。厚度计可用于纸张生产，金属板、箔的制造，橡胶、塑料薄膜的生产，玻璃板、纺织品的表面质量测量等，一般厚度计的放射源使用的是 β 源。

密度测量的前提是材料的组成不变，厚度不变，吸收系数不变，密度则是变量。密度计可以用于烟卷等的生产流水线上，可以测量固体管道的磨损和裂缝等。此外，密度计也可以当浓度计使用，测量流体材料的密度等，一般使用 γ 源。

8.5.3 其他

辐射源探测烟雾做成的烟雾报警器已广泛用于各种建筑物，核子秤用在输运带上运输固体材料的同位素测量重量，集装箱检测使用的是核探测与核成像技术。

中子活化分析以及其他核分析和核探测技术，以其突出的优点，在现今社会和生活中起着不可替代的重要作用。

对未知微量物质作组分分析，判断物质组成和性质，乃是定量研究物质性质的基础。核分析又有无破坏性、快速、灵敏、多元素同时分析等优点，值得我们专辟一章叙述。

第九章

核科学在医学中的应用

从 20 世纪初放射性刚发现时开始，人们就为这种看不见的射线的超人力量和产生的效果所震撼、折服，到 1904 年，以钍和镭制成的美容膏以及钍制成的据说可以杀菌的牙膏出现了（现在看来是太不可思议了，但是当时人们并不了解放射性对人体的危害）；另外，为了治疗癌症和皮肤病，医疗方面对镭的需求很大，1919 年，居里夫人建立了镭研究院，制造用于医疗的镭源（^{226}Ra）。镭源是一种固体源，体积小，剂量容易控制（对比当时也用于癌症治疗的 X 光机），治疗局部癌症只要微量的镭就可以了。这就是在 20 世纪头 20 年核辐射在医学上的应用——可以说这是一个疯狂的实验时代，不仅是治疗癌症，而且将镭用于治疗从龋齿到头皮屑等各种疾病。最有名的一个例子是，为了治疗伤痛，医生让患者服用镭溶液，患者感到有效，就连续服用许多瓶，最后导致骨头融化，颅骨上到处是洞，两年后死于放射病。由于镭源体积很小，很容易丢失，^{226}Ra 的半衰期为 1620 年，因此是极容易造成危险的——在不经意之中就积累到可以致命的地步。

现代核医学经历了近一个世纪的实践，终于发展到成为目前核科学技术应用的很大的分支。下面就详细介绍核医学原理、应用和未来。

核医学（nuclear medicine）是核科学和现代生物医学之间的交叉学科。它是核技术、电子技术、计算机技术、化学、物理和生物学等现代科学技术与医学相结合的产物。如今，核医学在临床上的应用已经非常广泛，并且发挥着举足轻重的作用。目前全世界生产的放射性同位素中 90% 以上用于核医学，而且使用量以平均每年 20% 左右的速度在递增。在医疗上，放射性同位素及核辐射可以用于诊断、治疗和医学科学研究；在药学上，可以用于药物作用原理的研究、药物活性的测定、药物分析和药物的辐射消毒等方面。

9.1 核 医 学

核医学是一门利用开放型放射性核素诊断和治疗的学科。核医学涉及数学、物理、化学、生物学、生理学、生物化学、病理学、微生物学、免疫学、药理学及临床的各学科。治疗核医学是将开放型放射性核素引入人体，利用核辐射生物效应进行治疗、杀死和抑制致病的细胞。

核医学可以划分为基础核医学和临床核医学两部分。临床核医学又包括基本的诊断与治疗。基础核医学为临床核医学提供理论基础和技术支持，是临床医学发展的动力。基础核医学也是医学研究的重要组成部分，以研究正常的和病变的生命现象为主要内容，在免疫学、分子生物学、遗传工程等新兴学科的发展中发挥着重要作用。

9.1.1 核医学的发展史和现状

核辐射在医学上的发展经历了四个阶段：初级阶段（1935～1945年）、迅速发展阶段（1945～1960年）、高速发展阶段（1961～1974年）和现代核医学阶段（1974年以后）。

现代核医学的主要标志是放射性核素断层显像装置的出现。1974年放射性核素断层扫描仪（ECT）研制成功；1975年第一台利用发射正电子的放射性核素进行断层显像的仪器PET研制成功；1979年利用发射单光子的断层显像仪器SPECT研制成功，这不仅有利于发现较小的异常和病变，还使得局部放射性定量分析进一步精确。20世纪80年代末和90年代初开创了分子核医学的新时代，使核医学进入到分子水平一级，并研制出很多先进核医学诊疗仪器。

9.1.2 核医学的特点

高灵敏度：放射性免疫分析特异性强，很专一地选择要测物质，取样很少，操作简单，目前已可测量300种以上的活性物质。

无创伤性：放射性核素和标记性药物进入人体，从体外进行无创性的代谢分析，观察药物在活体中循环、凝聚和扩散等，并提供活体化学代谢和功能方面的信息。

反应体内的生化和生理过程：用核医学手段有可能从体外观察体内或脏器内的生理和生化过程的变化，因而是诊断疾病、观察疗效及研究病因的有力工具。

动态观察：核医学的另一个突出优点是可以进行动态观察。γ 相机和发射型计算机断层（emission computed tomography，ECT）等设备都可以对核素在体内各部位的动态变化进行连续摄影，这对于诊断心脏功能有非常重要的意义。

9.2 辐射在核医学中的应用

辐射在核医学中的应用主要在放射诊断和放射治疗方面，其中放射诊断主要采用 X 射线、CT、PET、核磁共振等。放射治疗是癌症治疗的主要手段之一，50% ～ 70% 的肿瘤患者需要不同程度及不同目的的放射治疗（根治性，姑息性，手术前和手术后放疗，手术中放疗）。在肿瘤治疗中：手术提供了 18% 的治愈率、放疗提供了 14% 的治愈率、化疗提供了 5% 的治愈率。放射治疗经过近 100 年的发展，现今常用的技术手段包括 γ-刀、X-刀和适形调强放疗仪等。

9.2.1 放射诊断

1. PET 的原理

正电子发射计算机断层显像（positron emission tomography，PET）的基本原理是利用正电子衰变核素标记的放射性药物在人体内放出的正电子与组织相互作用，发生正电子湮没，向相反的方向发射两个能量为 511 千电子伏特的 γ 光子，用符合探测在相反方向同时探测两个 γ 光子。当 γ 光子与检测器相互作用，产生荧光光子并形成一个电脉冲时，脉冲高度分析器选择能量符合 511 千电子伏特 γ 的电脉冲送入电子学线路，电子学线路把呈相反方向并在 5 ～ 15 毫微秒内发生的两个电脉冲信号送入显像系统，计算机以此闪烁数据为基础，生成 PET 显像。PET/CT 检查可以一次连续成像，得到全身检查图像（三维显示），从而对全身组织器官的功能和代谢状况（尤其是否存在全身性病灶或转移性病灶）进行评估，达到对肿瘤精确分期的效果。

2. PET 的特点

PET 显像不用铅准直器，采用符合计数，可使灵敏度较普通 γ 照相和 SPECT 提高 10 ～ 20 倍，并能改善分辨率；PET 显像常用的放射性核素多是组成人体的固有元素，采用的是与生命代谢密切相关的示踪药物，如葡萄糖、脂肪酸、氨基酸等组成成分，所以每一项 PET 显像的结果实质上反映了某种特定的代谢物（或药物）在人体内的动态变化，对体内重要代谢途径的研究和临床应用都有重要意义。

3. PET 的临床应用

PET 适用范围广，检查项目多，适用于多种疾病的诊断及疗效监测。例如，PET 适用于人体大多数肿瘤疾病的鉴别诊断，肿瘤的分期分级以及全身情况的评估，各种肿瘤治疗手段前后疗效评估及肿瘤转移灶的全身监测。PET 技术的应用可以使放疗医师了解病灶的代谢情况，按肿瘤的生物靶区制定新的治疗计划并进行适形调强治疗。PET 还用于多种神经及精神系统疾病的诊断，如它可以完成对癫痫患者的术前定侧定位、早老性痴呆诊断、精神疾病的评估、吸毒成瘾性评估或戒毒疗效判断、脑外伤后脑代谢状况评估、其他脑代谢功能障碍判断（如 CO 中毒）、脑缺血性疾病的早期诊断等。PET 在心血管疾病的诊断方面也发挥着重要作用，如它可通过一次检查完成心脏血管硬化状况和心肌缺血情况的分析，达到冠心病的早期诊断和评估。因此，PET 在现代医学实践中有着广阔的应用空间。

9.2.2 放射治疗

1. 放射治疗的原理

放射治疗学是利用核射线（X、γ、β 和中子流等）对疾病进行辐射治疗的学科。放射治疗的基本原理是当射线达到一定剂量时，射线照射对病变细胞有抑制和杀伤作用。利用这一作用，科学家们通过长期的实践，找到了选用不同种类及剂量的射线，用特殊的方法去照射不同部位的肿瘤或病变，使它既能杀死和抑制癌或病变细胞，又能尽量减少对人体正常细胞的损害，这就是放射治疗的基础。

射线通过直接效应和间接效应置癌细胞于死地。在直接效应中，射线直

接照射在癌细胞的 DNA 分子上，使它们发生电离，分子裂断，使得癌细胞不能再分裂，也就不能再繁殖，并最终导致癌细胞死亡。在射线治癌中，更多的还是间接效应，射线照射引起大量水分子的电离和分解，产生大量活泼的离子和自由基，通过它们再去和癌细胞的 DNA 分子发生作用，导致癌细胞无法再分裂和繁殖，并最终死亡。

2. 放射治疗的历史

1896 年 1 月 29 日，在伦琴发现 X 射线 80 天后，有了世界上首例用 X 射线治疗乳腺癌的病例报道，开创了放射治疗的新纪元。100 多年来，随着科学技术的发展，放射治疗不断得到完善，成为治疗癌症等危重疾病的重要手段之一。

20 世纪 50 年代 ^{60}Co 治疗机出现，60 年代医用电子加速器用于临床，从 70 年代开始，对中子、质子、负 π 介子和重离子等的应用进行研究。据统计，现在全世界每年有 600 万人得癌症，在我国的许多地区，肿瘤也已被列为疾病中的第一位，而 70% 以上的肿瘤患者需要进行放射治疗。

随着科学的发展，技术的进步，各种先进的治疗设备不断出现，放射治疗的成功率也不断提高。从 20 世纪 70 年代开始的立体定向放射治疗被人们称为无刃手术刀，即 X-刀和 γ-刀等。

3. 放射治疗用的射线源和方法

1）放射治疗用的射线源分类

（1）放射性同位素发出的 α、β、γ 射线。

（2）X 射线治疗机和各类加速器产生的不同能量的 X 射线。

（3）各种加速器产生的电子束、质子束、负 π 介子和其他重离子束。

上述第一类放射源作为体外照射、腔内照射和组织间照射，或者以口服、静脉注射的形式进入人体内用作同位素治疗。第二类、第三类放射源只能用作体外照射治疗。

2）放射治疗方法

放射治疗的方法分为三种，即贴敷法、腔内照射法和体外照射法。

对皮肤癌、血管癌等，可采用贴敷法，用 ^{32}P、^{90}Sr 等做成膏药状，贴附在病变位置上即可得到治疗。

腔内照射法简称埋入法，适用于癌变范围小、部位较浅、比较容易埋入的部位，如颈、舌等部位的癌症。这种方法是现代治疗子宫颈癌、子宫体癌等的有效方法。所用的封闭性放射源有镭、^{60}Co 和 ^{137}Cs 等。

体外照射法是用各种治疗机在体外对肿瘤进行远距离照射，这是目前治疗各种癌症的主要方法。体外治疗机种类繁多，常用的有深 X 射线治疗机、电子感应加速器等。体外照射可适用于各种部位肿瘤的治疗，是现在最常用的治疗方法。

9.3　放射治疗中的医用加速器

医用加速器是放疗中常用的治疗束产生设备，加速器是利用电磁场把带电粒子加速到较高能量的装备；加速器利用被加速后的高能粒子轰击不同材料的靶，产生次级粒子，可以得到多种治疗束，如 X 线、中子束、质子束等。加速器种类很多，按粒子加速轨迹形状可分为直线加速器和回旋加速器；按加速粒子不同可分为电子、质子、离子和中子加速器；按被加速后粒子能量的高低可分为低能加速器（能量小于 100 兆电子伏特）；中能加速器（能量在 100 ～ 1000 兆电子伏特范围）和高能加速器（能量范围是 10^3 ～ 10^6 兆电子伏特）及超高能加速器（能量大于 1000 吉电子伏特）。

加速器发展很快，医用电子直线加速器是目前世界上使用最多的放射治疗设备。

最早用于治疗癌症的是 X 射线，20 世纪 50 年代出现了远距离钴 -60 治疗机，进入了 60 年代后，医用加速器技术应运而生。由于医用加速器能产生电子、X、γ 等射线，射线定向性好，能量高，穿透性强，并且可以控制，利用率高，故各种加速器不断出现，很快在医学上得到重视和利用。

9.3.1　γ-刀

γ-刀与 X-刀并非通常意义上的有利刃、把柄，能切割的金属刀。称其为

"刀"是因为它能像手术刀那样切除肿瘤，冠以"γ"是因为这种刀的原动力来自于γ射线，所以它们也是一种放射治疗。

γ-刀的工作原理是将多个放射源定向静止地照射到一点（病变部位）上，使该点的剂量很大，从而达到治疗目的。

钴-60远距离治疗机是利用人工放射性核素钴-60在自发衰变过程中产生的γ射线，经准直后治疗人体深部肿瘤的装置，即将多束γ射线经过准直器后变成细束的γ射线从四面八方交叉照射肿瘤细胞的装置，称为γ射线立体定向治疗系统（stereotactic radiation therapy，SRT），俗称γ-刀，主要由辐射头、机架、治疗床、控制台等组成。

γ-刀一般是在半球面的头盔上排列201个钴源，我国生产的γ-刀用30个钴源，可在不同平面上绕轴旋转。

γ-刀的特点：

（1）无手术创伤。

（2）手术精确，误差小（±0.1mm），使用得当，对周围组织不会造成损伤，其效果达到显微外科水平。据统计，γ-刀治疗的脑病患者5000多例，无1例致死、致残或产生严重并发症。

（3）手术简便、省时，每次治疗照射一次即成。手术全过程只需3～5小时。

（4）新一代γ-刀配合先进仪器及计算机等，可使治疗过程自动化、程序化，既精确又可减轻患者及医生、护士的负担。

自γ-刀开始临床应用以来，治疗病例逐年增加，但由于处于开始阶段，医生较为谨慎，一次治疗的剂量为10～50 Gy，患者均能忍受，并无死亡并发症。随着机器增多，治疗病变的种类日趋增多，治疗剂量和治疗病变的体积也逐渐加大，一次治疗的剂量也相应地有了一定的微变。

9.3.2 X-刀

以产生硬X射线的医用直线加速器为放射源，将定位、定向和加速器等多系统置于同一中心的工作装置称为X-刀。

X-刀的工作原理是通过仪器机架旋转控制射线的输出剂量，照射野的再次准直和治疗床的角度变化使照射源集中照射靶点以提高靶点的辐射量，而靶区周围 X 射线的放射剂量呈锐减性分布，从而取得与 γ-刀相同的治疗效果。

现代 X-刀治疗肿瘤是由 CT 或核磁共振进行肿瘤定位，通过计算机系统精确计算出治疗剂量、照射方位，做出诊疗计划。治疗时，由立体定向装置将一束窄窄的 X 射线多方位、通过多个放射野、围绕肿瘤立体照射，使 X 射线聚焦在病变部位的一点上，使肿瘤受到高剂量的根治性照射。

X-刀的优点：

（1）设备简单，只需对标准的直线加速器稍加改造就非常接近 γ-刀；

（2）无需开颅，手术安全可靠，无常规手术引起的大出血和其他并发症及后遗症；

（3）操作简便，技术容易掌握，机器设备造价比 γ-刀低；

（4）对环境污染小。

随着影像诊断技术的发展和立体定向装置的改进等技术的提高，使 X-刀治疗技术得以很快的发展，预计未来 X-刀将成为立体定向放射外科的主要治疗设备。

9.3.3　X 射线适形调强放疗机

近年来，用 X 线束准确地按照肿瘤靶区形状进行治疗，同时有效保护周围敏感组织的适形放疗技术发展迅速。特别是通过改变射束剖面强度分布，达到形状适形和剂量适形，即调强适形放疗技术，使放疗在临床中的应用进入了一个新天地，使具有不确定边界的肿瘤或有敏感结节的患者的治疗成为可能。

这种新的适形放疗机，又称为断层放疗机，是由一种类似成像 X-CT 机加上电子直线加速器和控制系统组合而成的新型放疗机，将精确 X-CT 成像和适形调强放疗技术紧密地结合起来，在一个设备上同时实现放疗时的患者定位、送束治疗、治疗时的剂量监督和治疗后的验证。

适形断层放疗机目前是将 X-CT 机放置 X 射线管的地方安装电子直线加

速器，它的射频功率源为 2.9 兆瓦，由 S 波段磁控管提供，可以实现完全的三维适形放疗和调强放疗。适形调强放疗可针对没有肿块的弥散形肿瘤进行放疗，有效限制敏感组织的最大剂量，在整个设定区域进行全视野均匀照射。三维适形放疗，可按肿瘤的几何形状，设计和实施治疗时的剂量分布，并把数据存储作为治疗后分析的依据，再现治疗过程，评价剂量分布和疗效，同时得到治疗前、治疗中和治疗后的 CT 图像。

适形断层放疗技术和仪器，代表着精确放疗时代的到来，为放疗领域提供许多新的机会，已经在肿瘤治疗上得到越来越广泛的应用。

9.3.4 粒子治疗装置

粒子治疗是利用质子和重离子作为射线源进行肿瘤的放射治疗的。

在放射治疗中常用的 X 射线与电子放射治疗都因为其固有的物理剂量分布和生物效应而在不同程度上存在着使被照射肿瘤周围的正常组织受到伤害的问题。而质子治疗则可以方便而精确地调节剂量在人体中的分布，使高剂量区集中于肿瘤部位，减少了对肿瘤周围正常组织的损伤。如图 9-1 所示，X 射线、γ 射线、中子、质子和碳离子在人体中的深度剂量分布图。质子、碳离子等粒子的剂量深度分布曲线，都是在射程的前段有一个剂量的平坦区，在射程的末端剂量出现了一个尖锐的峰值，即首先剂量迅速达到是平坦区 3 ～ 4 倍的值，接着陡然降为接近零，这被称为剂量分布的 Bragg 峰。只要适当地调节质子或碳离子的能量，将 Bragg 峰放在肿瘤的位置上，就可以使高剂量区集中于肿瘤部位，减少了辐射对肿瘤周围正常组织的损伤。而其他常规射线则在射程前段的剂量值较大，比较适宜于治疗浅层的肿瘤，并且剂量在峰值之后下降得比较缓慢，剂量仍然较大，容易对肿瘤后面的器官或正常组织带来损伤。由此可以看出，质子治疗与传统射线相比，可以显著降低对正常组织的损伤。此外，由前面对射程的介绍可知，Bragg 峰位置的调节可以通过改变束流能量来实现，即在治疗中可以灵活调节剂量的高分布区位置。质子治疗深度剂量的 Bragg 峰分布正是选择质子束治疗的主要优势所在。近几十年来，质子治疗的临床成就已使全世界医学界一致公认质子治疗比目前所用的 X 射线、γ 射线与电子治疗优越得多。

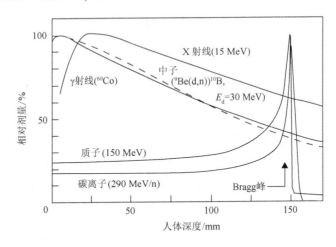

图 9-1 X 射线、γ 射线、中子、质子和碳离子在人体中深度剂量分布曲线

1946 年美国 R.R.Wilson 首先意识到在癌症治疗中质子治疗的优势。20 世纪 50 年代，在美国劳伦斯伯克利国家实验室（LBNL）就开始应用质子进行离子束放疗。He、C、N、Ne、Si 都在 LBNL 进行了临床评估，1977 ～ 1992 年用 He 和 Ne 等重离子开展了临床治疗。目前全世界共有 30 多台运行中的质子加速器，5 台碳离子加速器。20 世纪全世界采用质子治疗的有 5000 多例，其中还包括许多良性病变。而到了 2012 年 12 月，全球已用质子治疗肿瘤约 9 万多例。

先进的质子治疗技术同样受到我国的重视，从 20 世纪 90 年代初期开始陆续派人到美国、欧洲、日本等国学习质子治疗技术。国家科学技术委员会 1995 年将"核医学与放射治疗中先进技术的基础研究"列入了国家的攀登计划。目前北京、上海、广州等大城市，其医用加速器的拥有量已近饱和，迫切需要的不是加速器的数量而是质量的提升。由上海联合投资有限公司、中国科学院上海应用物理研究所、瑞金医院联合进行的首台质子治疗示范装置的自主研制已于 2012 年启动，预期 2018 年完工并开展临床研究工作。

质子治疗装置包括质子治疗加速器、束流输运系统、束流配送系统、患者定位准直系统、控制系统、辅助系统和配套的软件系统等。为了更好地进行适形治疗，治疗时会选择从多个方向进行照射。旋转机架的作用就是使束流旋转，能够从不同的方向照射患者。

用于治疗的质子束需要能治疗深度为 3.5 ～ 30 厘米的肿瘤，对应的质子束的能量为 70 ～ 230 兆电子伏特。束流输运系统是将从加速器提取出来的束流在一定的时间内传输到各个治疗室治疗头的入口。束流输运系统的输运线上有磁铁，束流测量设备和真空设备。束流配送系统位于治疗室中输运线的末端，束流配送系统就是检测束流并根据治疗需要调节靶体内的三维剂量分布实现适形治疗，是质子治疗装置的重要部分。在对束流进行扩展并整形后，产生了一个大小和形状与靶体匹配的剂量分布均匀的照射野，得到了一个平坦的并包含靶体的高剂量分布区。此外，对于单照射野治疗，对靶体周围的正常组织不可避免地会给予较高的剂量，因此，很多情形需要采用多照射野治疗。束流配送系统（又称为治疗头）的设计直接影响达靶体的束流性能，进而影响治疗效果。为了改善治疗效果，各国都在积极地研究改进治疗头，并做了大量的工作。

以上以质子治疗为例，介绍粒子治疗的进展，对于其余重离子，从原理上说应该比质子治疗更优。但是，随着粒子质量的加大，加速器的尺寸更大，造价更昂贵。在我国，中国科学院近代物理研究所基于兰州重离子研究装置提供的中能重离子束进行了放射物理、放射生物学实验以及重离子治疗技术的初步预研，为重离子束临床治疗奠定了基础。2006 年 11 月开始了浅表层肿瘤碳离子束治疗的临床试验研究，先后对 8 批 103 例浅表层肿瘤患者进行了试验治疗。在此基础上，该所利用同步加速器深层肿瘤治疗终端，从 2009 年 3 月开始深层肿瘤临床试验。在甘肃武威、兰州两个重离子肿瘤治疗中心所用重离子治癌专用装置均在建设中。

9.4 放射治疗鼻咽癌的实例

直线加速器可以产生高能的 X 射线和电子束，X 射线穿透能力强，适合治疗位置较深的肿瘤，电子束适合治疗表浅的肿瘤。直线加速器输出射线经过一级准直器后可以形成方形射野，由于肿瘤的形状多样复杂，所以临床采用二级准直器——多叶光栅形成不规则射野，保证在治疗肿瘤的同时保护周边正常组织。

以鼻咽癌为例说明放射治疗的流程：

鼻咽癌由于其鼻咽部的解剖结构的复杂性，首选的治疗方式为放射治疗，鼻咽部的总照射剂量为 66 ～ 70 Gy[①]/（6.6 ～ 7 周）。

在治疗前需要采集患者的 CT 数据，确定对肿瘤病灶位置，建立三维坐标系，这个过程称为 CT 模拟定位（图 9-2）。

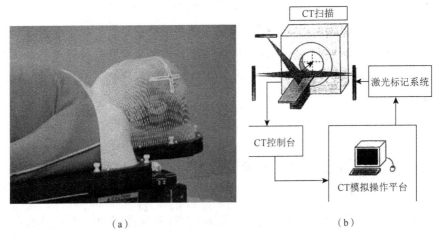

（a）　　　　　　　　　　　（b）

图 9-2　放射治疗 CT 定位的照片（a）及 CT 模拟定位示意图（b）

采集好的 CT 数据通过网络系统传输到治疗计划系统，放疗医师将结合患者发病时的影像在 CT 定位图像上勾画出肿瘤范围，同时需要勾画的是肿瘤周边的正常组织，在设计治疗计划过程中予以保护。

剂量师根据放疗医师给定的处方制定治疗计划。普通放疗并发症多，推荐采用三维适形或调强放射治疗。调强放射治疗与三维适形放射治疗相比，特别是肿瘤靠近重要器官（如视神经、脑干、脊髓等）时，三维适形放疗可能无法同时保证对肿瘤的治疗剂量和对视神经、脑干、脊髓等重要器官的安全剂量，调强放射治疗则可以在保证肿瘤剂量的同时保护好正常组织。治疗计划制定好之后需经过放疗医师和剂量师共同审核，审核完成后还需要经过

---

① Gy 是单位"戈瑞"的英文缩写。1Gy=1J/kg。

剂量学验证才能进行临床实施。

在患者进行治疗时，需要保证治疗体位与定位时保持一致，在治疗开始前还需要对患者的位置进行进一步的验证，纠正治疗体位与定位体位间的误差。调强放射治疗一般分为 7～9 个入射方向进行照射，称为 7～9 个射野，实施治疗过程中机器围绕患者旋转至某一角度后停下进行照射，再旋转至下一角度进行照射。首次治疗时大约需要 20 分钟。

在治疗过程中，患者会出现不同程度的口腔黏膜等反应，易出现口干，吞咽困难等症状，由于口腔黏膜为早反应组织，而肿瘤属于晚反应组织，治疗为每周五次，便于早反应组织的修复。随着治疗的进行，患者会出现体重减轻等情况，从而导致包括靶区在内的内部器官发生体积和位置的变化，此时可能需要对患者进行重新扫描定位，重新进行治疗计划制定，保证治疗的精准性。

9.5 核医学中的放射性药物

放射性药物分为诊断用放射性药物和治疗用放射性药物。诊断用放射性药物只是作为一种疾病诊断的手段，诊断的最终目的是治疗。体内治疗用放射性药物可分为两类：一类是利用放射性药物在脏器中选择性浓集和放射性核素（有适当的物理、生理半衰期，α、β 或电子俘获衰变）的辐射效应来抑制和破坏病变组织（如肿瘤）以达到治疗目的；另一类为内介入法放射性治疗药物，如将放射性药物埋入或局部注射到肿瘤组织内，以达到杀伤癌细胞的目的。

利用放射性药物治疗疾病主要依赖于其发射的核射线在病变组织中产生的电离辐射生物学效应，是内照射治疗，以半衰期较长的 β^- 粒子为宜。β^- 粒子在组织中的电离密度大，在局部组织中所产生的生物学效应一般比相同物理当量的 X 射线和 γ 光子大得多；同时，由于它在组织内有一定的射程，能保证有一定的作用范围，而对稍远的正常组织不造成明显损伤。

目前常用的治疗用放射性核素是 ^{32}P、^{131}I 和 ^{89}Sr。^{32}P 是纯 β^- 粒子发射体，

能量为 171 千电子伏特，在组织中的平均射程为 3 毫米，半衰期为 14.28 天。
^{131}I 发射能量为 336 千电子伏特和 607 千电子伏特的 β^- 粒子，半衰期为 8.04 天，但同时发射 364 千电子伏特的 γ 光子，增加了防护上的困难，所以 ^{131}I 并不是理想的内照射核素，但目前它还是唯一能够有效诊疗甲状腺疾病的放射性核素。

诊断用的放射性药物有氟 [^{18}F] 脱氧葡萄糖（^{18}F-FDG），其是目前临床应用最为广泛的正电子放射性药物。

结语

辐射在医学领域的应用是医学的一大进步，主要表现在放射治疗癌症的普遍应用上，利用放射性药物进行诊断或治疗的核医学如今已成为现代医学的重要组成部分，在临床上的应用已经非常广泛，并且对人类的健康发挥着举足轻重的作用。

辐射医学的对象是人，围绕如何发挥辐射对疾病的有效治疗作用和避免过度辐射对人体的伤害，通过核辐射工作者和医生共同努力，使得这门学科得到极大的发展。从硬件上和软件上发展都很快，特别要强调的是要重视软件设计——辐照治疗计划的制定和剂量分配以及实施，以发挥硬件的最大作用。

第十章

辐射技术在环境保护中的应用

随着人类经济的发展和生活水平的提高，日益增加的环境污染已成为世界人民共同关心的重大问题，因此，寻求更有效的污染物处理方法成为极需解决的问题。本章就辐射方法治理环境污水、污泥、废气等问题进行讨论。辐射技术目前并非是环境治理的主流，但是辐照技术仍被认为是相当有前途的。

辐照技术是利用射线与物质间的相互作用，电离和激发产生的活化原子与活化分子，使之与物质发生一系列物理化学变化，导致物质的降解、聚合与交联改性的一种技术。辐照技术是用γ射线及快速电子对环境污染物进行处理时，不仅由于高能射线与污染物直接作用，引起它们分解和改性，而且高能射线与介质（水和空气）发生作用，产生一系列自由基、离子、水合电子及离子基等。这些离子具有相当高的活性，能与污染物发生作用，这为常规处理方法难以去除的某些污染物提供了新的处理方法。在辐射技术处理环境污染物的众多方法中，高能电子束和γ射线作为辐射技术的基本手段已逐渐在环境污染治理领域发挥作用，如在烟道气脱硫脱硝、去除挥发性有机物、净化饮用水和地下水以及处理废水等方面显示了良好的应用前景。与常规处理方法相比，辐射技术一般在常温常压条件下进行，具有处理效率高、无需添加其他化学试剂以及无二次污染等特点，尤其适用于常规方法难以处理的持久性有机污染物的降解。

为了给人类社会提供一个可持续发展的优良环境，解决现代社会环境恶化问题，已有许多科学工作者将先进的辐射技术应用在环境保护中，并取得了很多重要的研究成果。

10.1　辐射技术在废水处理中的应用

由于生活污水、工业污水的排放，许多水路、河流和海洋都受到不同程度的污染，从而使得许多大城市的水质大大降低，所以，许多国家都制定了更为严格的污水排放标准，同时，不断研究发展新技术，以有效地除去水中的污染物。

19世纪初期，各国就相继采用氯化的方法来处理饮用水，这一方法的最初应用主要是用来消毒和去味。然而，多年的研究表明：即使是最先进的污水处理厂，如果用通氯气作为最终消毒方法的话，那么，污水处理厂出来的水中还是存在病毒的。从理论上讲，任何具有传染能力的排泄病毒，如果没有进行恰当的处理，都有可能传染疾病。事实上，确实发生过几起因自来水污染而引起的与肠胃炎相关的致死事件。虽然，高剂量的氯气对消灭病毒有效，但在这样的条件下，可能会产生大量致癌的含卤素有机化合物。另外，氯气对水中的其他生物会产生不利的影响。

由此可见，常规的用氯化方法并不是饮用水消毒的最佳方法。选择更环保的可持续的方法来进行生活污水和饮用水的消毒工作日趋重要。

由于辐射技术能够穿透物质且引发基本的化学反应，这一技术已广泛应用于医疗用品的消毒和聚合物的改性，1953年就有人指出，用电离辐射处理污水是一种很好的方法。到了20世纪70年代初，很多国家相继建立了很多用电离辐射处理废水的工厂。

如今，已有大量的研究表明，辐射技术是一种处理水污染问题的十分有效的方法。水经辐解后会产生羟基自由基（$\cdot OH$）、水合电子（e_{aq}^-）和氢自由基（$\cdot H$）等主要的活性产物，以及活性较低的H_2和H_2O_2等（其中$\cdot OH$是强氧化性粒子，而e_{aq}^-和$\cdot H$是还原性粒子）。除少数含氟水溶液物质外，几乎所有的有机污染物都能被$\cdot OH$降解，而有些亲电子的有机污染物则与e_{aq}^-反应，转换成可以从水体中分离出来的无毒或毒性相对较小化合物。在氧气饱和的状况下，$\cdot OH$降解有机污染物的效率能成倍增加，最终使污染化合物矿化为二氧化碳和水，从水体中彻底去除。

例如，编者所在的课题组以邻苯二甲酸二甲酯（DMP）为研究对象研究了其在电子束辐照下的降解特性及降解机理。研究表明，在相同的初始浓度下，DMP的降解率都随辐照剂量增大；在相同辐照剂量下，其降解率都随初始浓度的增加而降低。例如，在辐照剂量为1 kGy，DMP浓度为10 mg·L^{-1}、50 mg·L^{-1}、100 mg·L^{-1}、200 mg·L^{-1}和300 mg·L^{-1}时，其降解率分别是89%、73%、63%、49%和43%；DMP浓度为100mg·L^{-1}，辐照剂量15 kGy时，其降解率达到99%。这说明电子束辐照是处理此类物质的一种十分有效的方法。

研究表明，辐射技术是一种处理水中难降解有机污染物的十分有效的方法，不仅可以处理水中众多类别的有机污染物，而且对其降解的微观机理有进一步的研究，能够从理论上对其工业化应用有一定的指导作用，显示出其在处理水体中难降解有机污染物方面的巨大潜力，而以后更加详细深入的研究有利于辐射技术应用的广泛化、深入化和实用化。

10.2　辐射技术与污泥处理

污泥种类很多，如河床污泥、畜牧场污泥以及废水处理厂的生化污泥等。污泥中不仅含有 N、P、K 等肥料，而且含有 Mn、Zn、Cu 等微量元素，经过适当处理后可以用作土壤调解剂、肥料补充剂及动物饲料添加剂。但由于其中含有大量致病的病原体，通常采用深埋、弃海、焚烧等方法处理。为了有效地利用这些污泥及防止二次污染，普遍认为用辐射技术处理污泥是相当好的方法。这是因为污泥经 γ 射线或快速电子照射后，能在室温下消灭细菌病毒、杀死寄生虫卵、抑制杂草种子发芽，还能破坏胶体，增加脱水速度，它没有含氮有机物分解所造成的恶臭，经处理后污泥的体积也不会增加，经辐照处理的污泥可以变废为宝投入再利用。例如，泰国啤酒工业产生的污泥经 3kGy 辐照后用于喂鱼，用取代 60% 标准饲料的污泥与不用污泥的饲料同时喂养鱼类，证明在鱼生长率及质量方面均无差异，解决了饲料不足的问题。越南河内城市废物经 γ 辐照后作为播种体的载体，既富含有机物又可长期保存，混以无机肥料（N，P，K），即为上等肥料。辐射技术加上其他技术（如堆肥化、沉降、化学改性等）对污泥进行综合处理是解决污泥问题的最好出路。许多国家投入了大量力量进行研究，并陆续建立了辐射处理污泥的工厂。

美国于 1976 年在波士顿的 Deer 岛建成一个研究性的电子束污泥辐照厂，其常规的处理方法是污泥自浓缩器进入活性污泥消化池。污泥经消化后，废水排放，消化污泥用于农田作肥料。电子束来自 750 千伏、50 千瓦电子加速器，电子束从上向下辐照，处理容量为 380 吨 / 天（液体污泥），剂量为 4 kGy，其成本约为 0.8 美元 /m³。采用能量较低的加速器进行照射，虽然其电子在污水及污泥中的射程较低，但只要在辐照期间采用循环方法使之分布均匀，则被处理厚度可大幅度增加。由于电压较低，辐射防护就简单多了，而且辐照的能量全部被介质所吸收，所以投资费用较低。消化污泥经电子照射后，99.9% 以上的细菌被杀死。

美国学者在研究污泥的辐射 / 氧化综合处理时发现，在 3kGy 下，细菌几乎完全杀死，但在氧气存在下只要 1.5 ~ 2 kGy 就可达到同 3kGy 一样的效果。

用辐射技术处理污泥有许多独特的优点。目前，辐射处理污泥在国外已达工业化规模，从生产运行实践表明，辐射技术处理污泥在经济上是最有竞争力的方法。

10.3 烟道气的辐射处理

大气层是人类赖以生存的重要资源，但随着人类科技的进步和工业的发展，对大气层的破坏日益严重。目前，大气中最重要的污染物质包括二氧化硫（SO_2）、氮氧化物（NO_x）和一些挥发性有机污染物（VOCs）。在环境监测站中，这些物质是重点的检测对象。对大气中有毒物质的去除已经成为当今一个比较热门的课题，辐射技术的应用为此开辟了一个新的研究方向和思路。

二氧化硫及氮的氧化物（主要是 NO）是造成大气污染的主要有害物质。SO_2、NO_x 大部分来自燃煤或燃油发电厂排出的废气，通常煤与石油中都含有硫，它的含量有时高达 5% 左右，在燃烧后绝大部分生成 SO_2 并以烟气的形式排放到大气中。发电厂、化工厂及有色金属冶炼厂的烟道气是造成大气污染的主要污染源，由于现代工业的发展，排入大气中的有害气体量相当大。SO_2 对人类、动植物都有危害，当浓度超过 1ppm 时就能对人类产生不良影响，它可使人类患支气管炎、肺气肿，引起心力衰退。NO_x 则是另一种毒性很强的气体。NO 刺激呼吸道，还能同血液中的血色素结合为亚硝基血色素

（NO-Hb）而引起中毒；NO_2 能迅速破坏肺细胞，导致肺气肿，并可能与癌症有关。2.5 ppm NO_2 在 7 小时内可使豆类、西红柿等作物的叶子变为白色，使很多农作物被害而死亡。NO 和 NO_2 在阳光作用下发生光化学作用，产生二次污染物，其危害性更大。

为了控制大气污染，减少有害气体的排放，净化燃气，满足无污染排放是一个很重要的方法。全世界开发了许多脱除受污染烟气中有毒成分的方法，从燃气中除去二氧化硫已有很多有效措施，如石灰净化法、双碱法、碱淋洗法等。但对氮氧化合物，由于其化学反应活性低，除去它相当困难，很难找到具有实际应用价值的去除氮氧化物的方法。因此，发展了一种采用电子束从烟道气中同时能除去 SO_2 及 NO_x 的方法。电子束辐照过程中，烟气和添加的氨一起在反应室中通过加速的电子束。氨与硫和氮的化合物之间的许多化学反应在反应室内发生。其原理是电子束与烟气的主要成分如 N_2、O_2、H_2O 和 CO_2，以及浓度非常低的污染物（SO_2 和 NO_x）相互作用产生次级电子和来源于各成分的电离粒子，激发粒子和游离基的混合体，最后导致脱除 NO_x 和 SO_2。此过程的最终结果是获得硫酸铵和硝酸铵等副产品。这种产品在农业上可用作有效的肥料。

虽然电子束辐射处理有着同时脱除 SO_2 和 NO_x，脱除效率高，干燥方法，无需废水处理，方法简单且装置容易操作，欲建造的设备尺寸较小，副产物可用作有价值的农肥等优势，但是电子束辐射所生的设备腐蚀等问题未能解决，湿法处理的技术进步使烟道气的处理成本降低。目前，一些电子束辐射处理烟气的装置已经停止运行。电子束烟气脱硫脱氮的世界上第一套示范装置（中国政府和日本 Ebara 公司的合作项目）建于中国成都，在 10 年前被湿法处理烟道气所替代。

10.4　辐射技术在揭示环境污染物的生物毒理中的应用

大气颗粒物已经成为影响我国城市环境的首要污染物，但大气颗粒物的致毒机理还不明确，现有的大气颗粒物致毒机理是大气颗粒物中的重金属元素或有机污染能产生自由基，自由基诱导细胞产生氧化应激而对肌体产生损伤，因此大气颗粒物中的重金属元素与有机污染物的生物效应是相关学科研究的热点。

同步辐射在研究大气颗粒物所导致的生物效应过程中有明显的优势。硬X射线光学技术的发展已经使得基于第三代同步辐射的X射线微探针方法得到良好的发展，并且在空间分辨率上的提高也使得用于微量元素价态分析的微化学绘图技术得以实现。Yue等用同步辐射X射线相衬成像技术（SR X-ray phase-contrast images）研究小鼠体内灌输实验，将不同采样点采集的大气颗粒物样品制得的溶液灌输小鼠后取肺组织进行实验，根据成像所得的信息得出了大气颗粒物易导致肺炎的结论，并对机理进行了分析。

总的来说，同步辐射技术（主要是XAFS）已发展成为一项成熟的技术，该分析法对有害重金属元素在细胞和生物体内的分布、成像都有非常好的效果，但是该技术仅是对细胞或组织的切片中元素分布的成像或分析。相信，随着相关技术的成熟，同步辐射技术将能对重金属元素在活体细胞的变化过程以及对细胞凋亡过程的影响做出贡献。

10.5　辐射技术处理高分子固体垃圾

电子束或γ射线辐照可以诱发高分子聚合物的C—C键发生断裂从而使其分解，可获得气态、液态和固态的小分子产物。同时辐照还可以使分子发生交联，从而改变高分子化合物的各种性质。利用辐射技术与高分子材料相互作用的特点，可以对高分子固体废物进行回收再利用。

废塑料是一种难降解的固体废物，其合理有效的处置一直是个非常棘手的问题。例如，聚四氟乙烯（PTFE）的辐射裂解及应用，使得全球废氟树脂的消费量约为12万吨，其中170%左右为PTFE。而我国每年大约有1000吨的废旧PTFE有待回收利用。PTFE极其稳定，在环境中几十年都不会降解，给环境造成了严重的影响，又因其价格昂贵，回收利用废旧PTFE不但有很高的经济价值，而且有深远的环境保护意义。经辐照过的PTFE可以获得纳米级的粉末，它是一种耐高温的有机润滑剂添加剂，加入润滑油和润滑脂中，可提高这些产品的润滑性能。另外，辐射降解超细聚四氟乙烯粉末用于墨水和油墨的添加剂或特种衣服的改性剂也成为工业界的一个热点。利用橡胶对电子束和射线独有的敏感性，通过辐照使废旧橡胶发生化学链解聚，从而改善它们的加工性能和耐用性能，同样辐射技术可用于橡胶的硫化和废旧橡胶的脱硫化。可见，目前国内外辐射技术在污泥、橡胶、纺织工业等固体垃圾处理方面得到了较为广泛的应用，也取得了很好的成绩和商业效果。

10.6　辐射技术应用于环境保护的现状与展望

辐照任何体系都导致高活性粒子（游离基，电子，离子，激发的原子和分子等）的形成，它们能够实施污染物各种不同的辐解转化反应（如氧化还原反应，有机物分解，染料脱色，形成沉淀等），并且辐射同时具有杀菌作用。这些效应就是开发废液和烟气辐射净化以及消毒方法的基础。

辐射处理垃圾的初期研究（主要是为了杀菌）开始于 20 世纪 50 年代。70 年代，这些研究工作延伸到水的净化，其后，开始发展烟气净化的辐射方法。目前，辐射技术应用于环境保护中的研究和技术开发的主要方向是：①辐射处理天然水和受污染饮用水；②工业废液的辐射净化；③污水淤渣的辐射处理。

在此辐射加工领域使用 ^{60}Co 源以及电子加速器，目前研究和发展较多的是利用电子束的技术，电子束的输出功率更高。

综上所述，辐射技术处理环境污染物具有许多独特的优点，近几年得到了很快的发展，显示出了相当强的生命力，很多国家已得到了工业应用。我国也积极开展了这方面的研究，在辐射技术处理饮用水、工业废水和医院污水等方面进行了大量的研究。对于辐射处理天然水，受污染的饮用水，都市和工业废水以及污水淤渣，则高能（直到 10 兆电子伏特）和高功率的电子加速器最为适用。例如，法国和加拿大开发的能量为 5～10 兆电子伏特，而功率为 20～30 千瓦的直线电子加速器都可用于此目的。加速器的使用寿命在 30 年以上，仅需两名技术工人进行操作，每千瓦电子能量可以加工的水量为 16000 吨／年。我国制造的电子加速器每千瓦为 6 万～ 8 万人民币，相当于进口设备的 1/3。对于辐射技术应用于环保现状的讨论表明，电离辐射在解决各种生态问题方面是一种重要而有前途的手段。我们相信，辐射技术在环境保护中的应用将会发挥越来越大的作用。

结语

如今利用辐射来解决环境污染问题的技术已经越来越成熟，如用高能射线对燃烧废气、生活污水和工业污水、固体废物等进行处理，都已经取得了成果，特别对常规方法难以处理的污染物具有重要的意义，而且不会产生二次污染，所以辐射技术在环保领域的应用越来越受到人们的重视。目前，辐射技术与纳米技术、生物技术等相结合处理环境问题是未来的发展的热点。如今，这一应用技术已逐步从研究阶段过渡到实用阶段，被一些国家应用。

第十一章

辐射加工及改性

核技术已经渗透到人类生活的各领域。我们已经探讨了核能的利用，也涉及核技术在医学、环境等方面的应用，此外，还有一大类核技术的应用就是辐射加工及改性。这就是本章涉及的内容。

在第 2 章中，我们已经介绍过射线与物质的相互作用，我们知道这种相互作用是当射线通过物质时产生的，即射线在物质中损失能量，使物质原子电离、激发，甚至使物质原子产生移位，原子电离后产生电子、离子对，这种电子被称为二次电子。二次电子也带有相当的能量，还可以使更多的物质原子电离。随着辐射量的增加或者辐射持续时间的延长，物质中被电离和移位的原子多了，对物质的性质就有影响。这种由辐射能引起的物质性状的改变是多种多样的，随着物质种类的不同和辐射剂量的不同，物质的改性也是不同的。人们研究、利用射线的这种性质，形成了辐射加工这个行业。下面就详细介绍辐射改性。

11.1　辐　射　源

辐射加工的辐射源主要指的是电子加速器产生的带能电子（能量在几百千电子伏特到几兆电子伏特）和 ^{60}Co（γ 射线平均能量为 1.25 兆电子伏特），这个能量范围的电子及 γ 射线能产生比较明显的物质辐射效应，同时又不足以使被辐射物质的原子核发生变化即核反应（被辐照物质产生了核反应，也就是生成了新的核素，而这新核素往往是带有放射性的，那么被辐照物质也就有了残余放射性），因此辐射过后，没有放射性残留，是一种安全有效的物质改性手段。

电子加速器产生的带能电子和核素源产生的 γ 射线，两者与物质的相互作用机制是完全不同的，电子是直接使物质电离的射线，与物质原子的相互作用是通过弹性和非弹性碰撞使物质电离、激发等实现的；γ 射线则是非直接电离的射线，它与物质相互作用是通过光电效应、康普顿散射和电子对效应来实现的，通过这些效应先产生光电子或康普顿电子等次级带电粒子，然后这些带电粒子再在物质中产生电离。那么，这些不同的射线引发物质的效应有何不同呢？确实，辐射机制的不同会影响物质效应的变化，例如，射线在物质中产生的电离能量损失（简称能损）与非电离能损（非电离指的是激发和原子移位等）的比例会有变化。但是这对物质改性的影响并不明显，因为不论是电子束还是γ射线，归根到底都是通过次级电子在物质中产生电离能损起作用的（不论哪种辐射，其产生电离能损的成分总是占了绝大多数，达90%以上），而且辐射加工的对象多半是材料、工农业产品等，对非电离能损不那么敏感，但是对生物体、半导体、光电器件等特殊物质，非电离能损的影响不可忽视。

我们再来比较一下两种辐射源的性能。

γ射线源的能量是固定的，以常用的 ^{60}Co 源为例，它发射能量为 1.17 兆电子伏特和 1.33 兆电子伏特的两支强度相等的γ射线，平均能量是 1.25 兆电子伏特，其半衰期为 5.271 年，所以它每年要损耗约 12% 的源强，需要经常添加源棒。从原理上讲，γ射线和电子束在辐射加工时诱发的原初反应基本一致。从对物质的穿透性而言，γ射线比电子束强，因此它的能量被物质吸收的部分就少，故能量利用率就比较低，每小时辐照的物质数量即产率比同样源强的电子加速器低。与电子加速器相比，γ射线源成本比较高，这是因为固定的射线源要随着时间衰减而必须补充源棒，而且产率低。而电子加速器在需要加工时才打开，平时就没有射线产生，维修、操作时防护比较简单安全。电子加速器的出射电子束电流强度（束流）是可控的，这是优点，但是没有固定的γ射线源源强那么稳定，随着加速器环境的变化（如电网电压的变化）、加速器电子控制设备长时间工作的电参数变化，电子束的能量大小、电流大小都会发生变化，单位时间内到达单位质量加工材料的电子束能量（辐射剂量率）就会随之变化而影响辐射加工的质量。目前，^{60}Co 源主要应用于食品保鲜、医疗用品消毒、药物灭菌和辐射聚合交联；电子加速器则广泛应用于涂层固化、线缆料的辐射交联、聚乙烯的交联发泡以及聚合物的合成、接枝和裂解等。

11.2　高分子辐射化学基本原理简介

11.1 节中提到了辐射物理的基本原理，即高能射线与物质相互作用过程中的碰撞机制、能量在物质中的沉积以及引起物质中原子的移位等，并不涉及物质分子的化学反应。而辐射化学则涉及在高能射线作用下产生的各种激发分子、自由基、离子彼此之间或与物质分子之间的化学反应。高分子辐射化学是高分子化学与辐射化学的交叉领域，研究电离辐射与有机单体分子（如乙烯、丙烯酸等各类含 C═C 双键的有机烯烃小分子）和高分子聚合物（如电线的绝缘材料等）相互作用产生的化学变化及其效应，包括聚合、接枝、交联和裂解等，是本章讨论的辐射效应重要的理论依据，故作简要介绍。

11.2.1　离子、激发分子和自由基的生成与反应

电离辐射与物质相互作用时首先会产生阴、阳离子对和处于高能量不稳定的激发分子，它们可以直接形成产物，但通常情况下会经过形成自由基的中间过程。特别地，电离辐射对于分子中的原子是并无选择性的激发，但由于高能量的激发态会在非常短的时间内转换为低能量的激发态而使得部分激发能是定域在分子某一部分的。研究表明，对于直链高分子而言，C—C 键和 C—H 键都能断链，但当分子中含有其他杂原子（如 O，N）时，则断裂容易定域地发生在此部位。

11.2.2　辐射化学产额（G 值）的概念

辐射化学中，G 值是重要且常见的概念，它表示一种粒子（通常为各种分子或分子混合物）每吸收 100 电子伏特的辐射能量，该粒子发生变化的个数，这种变化包括上述所说的产生了阴、阳离子对，激发分子等，习惯单位为粒子 /100eV，国际单位为 mol/J，换算关系为

$$1 \text{ 粒子 }/100\text{eV}=1.036\times10^{-7}\text{ mol/J}$$

例如，空气（各种混合分子，主要为氮气和氧气分子）中形成 1 对离子需 33.85 电子伏特，因此，100 电子伏特可使大约 3 个分子电离，所以 $G_{空气}=3$。

11.2.3 吸收剂量和剂量率

这两种概念在辐射化学中也尤其重要且常见。吸收剂量为单位质量介质吸收的辐射能量，即

$$D=dE/dm$$

其中，D 为吸收剂量；dE 和 dm 分别为单位体积元中介质所吸收的能量和质量。吸收剂量率为单位时间内的吸收剂量，即

$$\dot{D}=dD/dt$$

D 和 $\dot{D}$ 的国际单位分别为 Gy（戈瑞）和 Gy/s，常用单位分别为 rad（拉德）和 rad/s。Gy 与 rad 的换算关系为 1Gy = 100 rad。

辐射能量在介质中引起的各种化学和物理的变化与吸收的剂量及剂量率密切相关，辐射剂量过低，则不能引起相应的辐射效应；反之过高，则会使目标物质受到破坏，因此辐射化学中测量吸收剂量和剂量率是必不可少的。测量原理主要是在相同条件下吸收相同能量的同种辐射在相似体系中产生的变化相等，此为直接法；也可直接从辐射源的活度（反应堆或放射性核素发生器等）或电子加速器的各种参数间接计算出来。

辐射化学中吸收剂量的测量方法有基本测量法（如水量热法），电离室法，固体方法（如热释光剂量片），化学方法（如 Fricke 剂量计）。

11.3 辐 射 聚 合

辐射聚合是指利用电离辐射能量引发有机单体小分子发生聚合反应而得到高分子聚合物，相比于普通的聚合反应有以下几个主要特征：

（1）生成的聚合物更加纯净。因为无需像普通化学聚合反应那样需要添加引发剂而最终将引发剂小分子引入了合成产物，这对于合成生物医用高分子材料（如涂敷伤口的水凝胶、人工脏器等，这类高分子材料需要非常纯净的组成成分，否则会对人体产生不利的副作用）尤为重要。

（2）聚合反应易于控制，可均匀连续进行，防止局部过热引起爆炸等。

（3）可在常温或低温下进行。

（4）生成的聚合物分子量和分子量分布可以简单地用剂量率等聚合条件加以控制。

大多数情况下，用于聚合反应的有机单体小分子为液体，因此液体均相辐射聚合研究得最多。

例如，乙烯单体在溶液中的辐射聚合。Wiley 和有关研究者研究了乙烯在氯代烷烃溶液中的辐射聚合，其正常的聚合反应速度（在没有凝胶效应等情况下）与单体浓度呈正比。

又如，甲基丙烯酸甲酯（MMA）本体辐射聚合（不添加其他溶剂等进行辐射聚合）为聚甲基丙烯酸甲酯（PMMA），这是一个比较成功的辐射聚合实例之一。其简单辐射聚合工艺流程如图 11-1 所示。

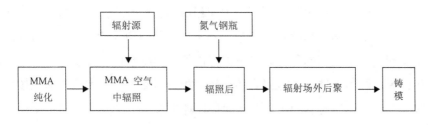

图 11-1　辐射聚合工艺流程

我国和其他一些国家都用此法成功地制备了大块优质有机玻璃（PMMA），产品性能比一般化学法优越得多。

11.4　聚合物的辐射交联与降解

聚合物是一种高分子材料，受到电离辐射会发生一系列化学变化。接受电离辐射的聚合物最主要变化是分子链的交联和降解，交联是聚合物的多个线性分子链会相互连在一起成为一个大的分子，从而增大了分子量；降解是其逆过程，如图 11-2 所示。

图 11-2　聚合物的辐射交联

实际上，这两种变化都是无规且同时进行的，如果交联多于降解，就是交联型聚合物，如聚乙烯、天然橡胶等，以降解型为主的聚合物有聚四氟乙烯、棉纤维素等。这种变化会引起聚合物物理、力学性质的一系列变化，可以通过控制条件来提高高分子材料的性能。

1）辐射交联电线电缆

辐射交联是聚合物辐照效应中最重要的一种，适度交联可使聚合物物理和机械性能得到明显的改善，而且辐射交联在聚合物性能的改善或加工生产多样化产品方面是化学交联法无法比拟的。

辐射交联对聚合物的物理性质有较大影响。理论上，聚合物的弹性模量（E，引起单位长度的变化所需的应力）与吸收剂量 D 呈正比；此外，一般非交联的高分子聚合物在某些有机溶剂中是可能溶解的，即在有机溶剂中变成独立分散的高分子链，而高分子聚合物一旦交联之后就具有网状结构而不能被溶剂所溶解，但能吸收大量溶剂而溶胀即体积变大，溶胀比 Q 定义为聚合物试样溶胀前后的体积比，理论上，Q 与吸收剂量呈复杂的非线性关系；最后，聚合物在辐照过程中因发生交联反应，结晶度会有所降低，其原因可能是射线促使聚合物进行各种化学反应，从而破坏了聚合物原有的结构规整性。

辐射交联对聚合物的化学性质同样有非常明显的变化。首先，电离辐射能量会使高聚物分子链间产生交联键（图 11-2），即随着交联程度的提高，在高聚物中逐渐生成三维网络结构，使分子量大大增加；其次，辐射交联过程中会有气体生成，对于聚乙烯（PE），辐射交联会产生85%～95%的氢气。

电离辐射通常也能引起其他变化。例如，一般密度会增加，比容减少，材料的抗张性能有所提高，高温下的提高更为显著，断裂伸长率有所下降。

用于电线电缆的聚乙烯材料，在辐射交联后热稳定性和绝缘性能得到明显的改善，可以在 90～125℃下稳定工作。与化学法相比，辐射交联法有能耗低、交联速度快、基材品种多、产品性能好、运行费用低等优点，但是加速器一次投入成本较高。

辐射交联电线电缆加工工艺流程如图 11-3 的所示。

图 11-3　辐射交联电线电缆加工工艺流程

由于电子束在电线电缆中能量损失是不一样的，其深度分布剂量曲线呈高斯分布，一般不同深度的剂量会有高达几倍的差别，因此，在工艺上采用双面辐照的方法，可使辐照剂量均匀（图 11-4）。

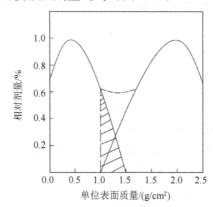

图 11-4　电子束双面辐照穿透示意图

2）辐射交联热收缩材料

20 世纪 50 年代，英国科学家 Charlesby（1915～1996，辐射化学奠基人）发现：若将经过交联的聚乙烯材料加热到熔点以上并将其拉伸成一定形状，冷却后仍将保持此形状，此时再若将其加热至熔点以上，材料将恢复至初始形状。这种现象被称为材料的记忆效应，利用这种效应，人们开发了一系列热收缩材料。现在热收缩材料广泛应用于电线电缆、管道的包装，还有食品包装中使用的保鲜膜等。

辐射技术应用于热收缩材料制备工业发展迅速的原因至少有以下三点。

（1）可用的原材料范围广。普通化学交联法由于一些无法解决的原因只能适用于数量不多的聚合物，而辐射交联法则适用于许多的聚合物。

（2）产品的性能更佳。辐射交联法更易获得性能很好的热收缩绝缘产品。这是由辐射交联法独特的加工方法所决定的。

（3）加工参数简单，易控制。辐射加工可在室温下进行，只要保持一定吸收剂量和一定的剂量均匀性，即可得到合格的产品。

辐射制备热收缩材料的简单工艺流程如图 11-5 所示。

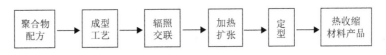

图 11-5　辐射制备热收缩材料的工艺流程

3）辐射交联发泡材料

利用辐射交联制备的泡沫塑料是将聚合物加以发泡剂和添加剂均匀混合、压片、辐照并发泡成形。由于工艺复杂，成本高，虽然实验室成果早已问世，但是推广甚缓。目前，仍以化学发泡法为主。

通过辐射交联，可以将两种聚合物的特征糅合在一起，从而得到许多新材料，其交联密度比单一聚合物高得多。如将 PE 膜交联到聚酯膜上，以制造人造革，已进行商业化生产。

与传统的化学发泡法相比，辐射交联发泡法有如下一些优点：外观质软，无限闭孔结构；有优异的弹性，适宜制作垫材；有优良的隔热性，高尺寸稳定性；低吸湿性，优异的化学稳定性，无毒无味。

4）辐射降解的应用

辐射降解的现实和潜在的工业应用与价值虽远不如辐射交联，但也是一个不容忽视的领域。目前比较成功的几个实例是在工农业废料再利用，提高了物资利用率并降低成本，净化环境。

例如，含纤维素废料辐射处理制备动物饲料。含植物纤维素废料种类和数量非常庞大，如稻草、谷壳、木锯屑等，早期大都被烧掉，这是非常可惜的，因为它们含有非常高的聚糖。但由于其高结晶度、高聚合度等，它们难以被动物所消化。理论上，可以通过辐射处理使这些废料无定形化，降低结晶度、分子量，增加单糖和低齐聚糖的含量，从而提高可消化性。从 20 世纪 50 年代开始进行了大量研究，也有一些中试规模的处理装置运转。

电子刻蚀是利用了辐射降解的原理，将以辐射降解为主的聚合物涂在待刻蚀材料的表面，受电子束辐照的地方的膜发生降解，可被溶剂洗去，留下的是需要的花样。还有一种应用是作为固体润滑剂。将聚四氟乙烯或其他氟碳化合物经过电子束辐照，就会发生降解，被制成微细的粉末，这种粉末摩擦系数极低，可以用作高级润滑剂。

影响辐射交联或降解的主要因素是温度、气氛和添加剂。随着温度的增加，交联与降解都有不同程度的加速；在辐照环境中有氧存在时，不利于交联而有利于降解。添加剂则比较复杂，视情况而定。

11.5　辐　射　固　化

辐射固化指的是利用紫外线、电子束作为能源，使特定配置的、由 100% 活性成分组成的液态涂料体系在常温下迅速固化成膜的技术。紫外线辐射固化需要光引发剂，而电子束固化则不需要，几十年来电子束辐射固化的应用面越来越广，涉及纸张、木材、印刷品、塑料、金属、光纤、磁记录材料、纺织品表面的涂装及印刷电路板的制作。许多项目已投入商业化生产。

与传统热固化相比，辐射固化有能耗低、固化效率高、涂层性能优越、不需添加有机溶剂等优点。缺点仍然是：加速器一次投入成本高；对于形状复杂的样品表面进行涂覆时，电子束照射不易均匀，导致固化程度不一致；固化过程对氧敏感，必须在惰性气体的气氛中进行等。

11.6　辐　射　消　毒

医疗产品不同程度与人体接触，在使用前必须加以消毒。

古老的消毒方法是热消毒，但是热消毒不彻底、耗能且费时费力。随后，人们又使用冷消毒法。冷消毒法之一是使用环氧乙烷气体对一次性医疗用品进行消毒，但是环氧乙烷是一种诱变剂，容易对环境产生污染，残留在消毒过后的医疗用品上又对人体有害。冷消毒法之二是使用γ辐射消毒,采用钴-60 γ源的辐照工厂，因其节能、完全无污染和消毒彻底而得到快速的发展。

例如，最近威高集团从比利时引进了目前世界上最先进的电子加速器辐照灭菌装置，将首先用于对血液透析器、真空采血管、各类注射器、TPE 输液器等产品灭菌，年产能为 15 万立方米。威高医疗器械辐照灭菌生产线的投产，为我国医疗器械行业消毒灭菌技术的升级换代提供了新技术和新材料，在医疗器械行业起到了示范、带头作用。

11.7 辐射育种

辐射育种是辐射在农业方面的一个重要应用。通常培育一个优良品种可以用系统育种、诱变育种、杂交育种等方法。辐射育种属于诱变育种范围，即利用电离辐射处理作物的种子、花粉或植株，使其遗传物质发生改变，导致其性状的变异，然后通过选择和培育使其有益的变异遗传下去，达到改良和创造新品种的目的。可以改良的品种除了粮食、果蔬外，还有桑蚕、牲畜、鱼类、花卉、微生物等。

辐射育种可以大大加快自然界动植物的变异频率，节省育种时间，有效地改变其性状，如成熟期短、植株矮、抗病虫害、产量高、营养价值高等。

辐射育种的原理是辐射使生物体的基因发生突变，导致 DNA（一种重要的遗传物质——脱氧核糖核酸）碱基对排列顺序改变或者失去一个碱基，DNA 结构发生变化后存在一系列修复工程，如果修复成功就不发生突变，只有当修复无效或者修复发生误差时才能发生突变。另外一个机制是当染色体被射线打断后，染色体在重排时发生缺失、重复、易位、倒位等染色体畸变，这种变异也是辐射育种的一个重要过程。

辐射育种的缺点是它的不可预见性，辐照后的种子要等到培育成熟后才能看出其效果，需要扩大实验群体、扩大种植面积。辐射育种不是转基因作

物，辐射育种的种子经过几代后会退化，需要重新培植。

辐射育种是使用钴源、电子加速器、中子源等进行辐照的，一般认为要照射到种子的胚芽部分，胚芽是遗传物质聚集的地方，这样产生诱变的可能性大。但是合肥等离子所有人使用离子束辐照种子，也取得了不菲的成果。离子束的能量低，辐射不可能穿透种子的外壳，到达胚芽。可见，辐射机制不是那么简单。

到 20 世纪末，我国已经有 10 个优良的辐射突变品种获得国家发明奖。辐射育种涉及的优良品种已达几百个，有水稻、棉花、豆类、果蔬、花卉、桑麻等。

11.8 辐 射 不 育

农业的病虫害多，严重时会导致作物颗粒无收。传统的做法是施放农药，可是农药不仅能杀虫，还会残留在土壤中造成环境污染；更讨厌的是一种农药用久了害虫会产生抗药性，几年一过，一种农药就失效了，人们不得不用更多的新农药来对付害虫；还有一个问题是在杀灭害虫的同时，其他生物也随之灭绝。例如，瓢虫是蚜虫的天敌，是一种益虫，但是在施放杀虫剂的同时，瓢虫也被消灭了。过一段时间后，蚜虫会比瓢虫繁殖得更快、更多，因为蚜虫的繁殖力比瓢虫强。这样的灭虫真是得不偿失，所以人们要寻找新的灭虫方法，害虫不育就是一种。

辐射不育是利用辐射源对害虫进行照射处理，其结果主要是在昆虫体内产生显性致死突变，即染色体断裂导致配核分裂反常，产生不育但具有交配能力的昆虫。而后因地制宜地将大量不育雄性昆虫投放到该种的野外种群中去，造成野外昆虫产的卵不能孵化或即使能孵化但因胚胎发育不良造成死亡，最终可达到彻底根除该种害虫的目的。

20 世纪 50 年代初，美国在库拉克岛就利用不育蝇消灭重大畜牧业害虫——螺旋锥蝇。这是人类历史上第一次在自然界成功灭绝一个害虫种群，美国在 1982 年宣布不再发现有螺旋锥蝇危害，随后美国与墨西哥合作实施根除螺旋锥蝇项目，在 1992 年宣布实现了螺旋锥蝇的根治。

我国曾在贵州地区 500 亩柑橘园中投放 10 万头不育雄虫，使大实蝇危害从 5.8% 降到 0.005%。这项技术具有专一性强、效果持久和保护环境的特点，值得大力推广。

11.9 低剂量刺激生物生长

过度的辐照可以导致生物体死亡，但是适量的辐照不仅不会产生危害，反而对生物体有益。例如，在某些高天然本底的地区，人们的免疫能力反而增强，患疾病的概率低于正常本底地区。这种效应一般都出现在低辐射剂量范围。

其实，地球上的生物一直处于具有一定剂量核辐射的环境中，这个剂量大约为每年 10^{-4} Sv。生物从受精、胚胎形成、幼体形成、个体发育、后代繁殖直到生命终止的全过程，从未离开过核辐射环境，所以说天然本底下的核辐射是生长发育不可缺少的条件之一。

利用这种特点，人们用 γ 射线辐照马铃薯至 3 Gy，出苗率提高 28.3%；用 γ 射线辐照小麦种子至 60 Gy，出苗率提高 10% ～ 30%；用 γ 射线照射黄瓜种子至 2.9 Gy，使黄瓜增产 10% ～ 15%；用 γ 射线照射萝卜种子至 9.5 Gy，成熟期缩短 4 ～ 6 天，增产 11%。

11.10 食品辐照

辐射在食品方面的应用是多种多样的，其包括：抑制果实发芽、消毒和推迟成熟延长储存时间等。通常大家知道的有水果保鲜、调味品消毒等。

对不同用途的食品辐照时所使用的辐照剂量也是不同的。例如，抑制洋葱、土豆发芽时使用的剂量为 50 ～ 150 Gy；在杀灭昆虫及寄生虫时使用的剂量为 150 ～ 500 Gy；在延迟成熟时使用的剂量为 0.5 ～ 1.0 kGy；在延长储存期时使用的剂量为 1.5 ～ 3 kGy；在杀灭致腐、致病的微生物时使用的剂量为 1 ～ 50 kGy；商业化消毒无菌时使用的剂量一般为 25 kGy。

　　食用辐照过的食品是否健康是人们普遍关心的问题。虽然我们知道辐照过的食品中并不含有放射性，但是，各国对辐照食品采取的态度不同，有的国家不禁止市场上销售辐射食品，有的则不然。对辐照食品的限制，以美国和中国最为宽松。截至 1997 年，我国已批准 24 种辐照食品的卫生标准，包括粮食、蔬菜、水果、肉及肉制品、干果、调味品等 6 大类。但是欧洲联盟（简称欧盟）和日本对辐照食品的限制却相当严格。日本只在 30 多年前批准了北海道的马铃薯可以使用辐射技术抑制发芽，其他食品均不允许使用。近期有报道日本在中国出口的水产品中检测出有辐射加工过的痕迹，所以拒绝进口此类水产品。

　　本章介绍了高分子辐射化学的基本原理，列举了电离辐射的物质效应，并介绍了其在物质改性方面的各种应用。

　　用于辐射改性的电离辐射源主要是 γ 源和大功率低能电子加速器，也有个别利用离子注入器和中子发生器的。本章比较了 γ 源和大功率低能电子加速器的性能，并简单介绍了它们的应用范围。

　　辐射加工的产品在我们生活中得到广泛的应用，我们要正确认识辐射技术在生活中的应用。

第十二章

宇宙起源与核科学

12.1　宇宙是什么？

何为宇宙？中国古人认为："往古来今谓之宙，四方上下谓之宇。"在这种观念之下，"宇宙"这个词有"所有的时间和空间"的意思。

宇宙的现代科学理论认为：宇宙是由空间、时间、物质和能量所构成的统一体，是一切空间和时间的总和。一般理解的宇宙指我们所存在的一个时空连续系统，包括其间的所有物质、能量和事件。对于这一体系的整体解释构成了宇宙论。

12.2　宇宙的起源

宇宙有没有起源？关于宇宙有许多古老的传说。在有的故事中，宇宙是从一个宇宙蛋中孵化出来的；而有的则归结于造物主，如上帝七天创造世界等。近代关于宇宙还可以归纳为两种说法：一种是认为世界是始终存在的，根本不存在什么开端；另一种是认为宇宙与人的生命一样，宇宙也有生有死，周而复始地循环。到底哪一种说法对呢？

12.2.1　始于大爆炸

1. 哈勃的伟大发现

在 20 世纪 20 年代前，从来没有人怀疑过我们生存的宇宙存在于一个固定的空间。人们认为宇宙的模型就像一个固定的舞台，恒星、行星和一切天体都在这个舞台上表演各自的动作，但是这个舞台却是静止和稳定的。这种图像在 1929 年被哈勃的发现而推翻了。

美国天文学家埃德温·哈勃利用他发明的天文望远镜观察到所有的星系都以很高的速度彼此分开。星系离我们越远，离开我们的速度就越快，这被称为哈勃定律。他是怎么发现这个现象的呢？哈勃利用天文望远镜对遥远星系中星光的颜色进行观测，发现来自星系的光呈现某种系统性的"红移"。当光源向着观察者移动时，光波的频率会增加，可见光的颜色会变蓝，这称为"蓝移"；反之，当光源离开观察者移动时，光波频率会下降，可见光颜色会变红，这称为"红移"；同时，他又测定了星系离我们的距离，作出的曲线表示遥远星系离观察者而去的速度正比于他们之间的距离。哈勃的发现证明了宇宙不是静止的，而是处于膨胀中。这可谓 20 世纪的一项最伟大的发现。

如果宇宙不是静止的而是在膨胀中，那么是否可以将时间倒转过来，从而会发现前一刻的宇宙比现在更小一些，如此追踪下去，我们就会发现宇宙是从一个更小、更密的状态变化来的。这样推下去最后的尺度将会趋向于零，这是否就意味着宇宙的开端是一场大爆炸？

哈勃的发现暗示存在一个称为大爆炸的时刻，当时宇宙的尺度无穷小，而且无限紧密。在这种条件下，所有科学定律和以此预见将来的能力都失效了。如果在此时刻以前有过事件发生，它们也不可能影响现在所发生的一切，所以我们可以不理它们。在这个意义上可以说，时间在大爆炸时有一个开端。

2. 宇宙微波背景辐射的发现

20 世纪 40 年代，俄国物理学家盖莫夫和他的研究生阿尔佛和赫尔曼开始认真考虑用现有物理学理论来勾画宇宙早期状态的可能性。他们认为，如果宇宙开始的状态是热而密的，现在就应留下该爆发式开端残留的辐射。1948 年，他们预言，大爆炸残留的辐射由于宇宙的膨胀而冷却，如今它的温度约为 5 开尔文（绝对温度）。1958 年，美国新泽西州贝尔实验室的两位无线电工程师彭齐亚斯和威尔逊在校准一台异常灵敏的 6 米的喇叭形无线电天线接收系统时，接收到了一种无法阐明、持续不断的噪声，它相当于电磁波的微波波段，波长为 7.35 厘米，相当于 2.7 开尔文的热辐射。这与当年阿尔佛的预言非常接近，他们马上将其与大爆炸的预言联系起来，反复实验后终于证实噪声来自银河系外，称为"宇宙微波背景辐射"。两人因此获得 1978 年诺贝尔物理学奖。宇宙微波背景辐射是一种高度各向同性的、充满天空的辐射。各向同性的特性说明，微波背景辐射并非来源于某一个天体，而是宇宙演化过程的产物。它的发现有力地支持了大爆炸理论。

3. 大爆炸理论的由来

自古以来，科学家们一直在努力研究我们生存的世界，即我们的宇宙是从哪里来的。今天，在科学界较为认可的是，一切都始于"原始大爆炸"。宇宙及与它在一起的时间和空间，都是在约 150 亿年的一次巨大的无法想象的爆炸中产生的。

"大爆炸宇宙论"是 1927 年由比利时数学家勒梅特提出的，他认为最初的宇宙物质集中在一个超原子的"宇宙蛋"里，在一次无与伦比的大爆炸中分裂成无数碎片，形成了今天的宇宙。1948 年，俄裔美籍物理学家盖莫夫等，又详细勾画出宇宙由一个致密炽热的奇点于 150 亿年前一次大爆炸后，经一系列元素演化到最后形成星球、星系的整个膨胀演化过程的图像。

12.2.2 "大爆炸"理论要点

一种广为认可的宇宙演化的"大爆炸"理论。其要点是，宇宙是从温度和密度都极高的状态中由 100 多亿年前一次"大爆炸"产生的。这种模型基于两个假设：第一是爱因斯坦提出的，能正确描述宇宙物质的引力作用的广义相对论；第二是所谓宇宙学原理，即宇宙中的观测者所看到的事物既同观测的方向无关也同所处的位置无关。这个原理只适用于宇宙的大尺度上，而它也意味着宇宙是无边的。因此，宇宙的大爆炸源不是发生在空间的某一点，而是发生在同一时间的整个空间内。有了这两个假设，就能计算出宇宙从某一确定时间（称为普朗克时间）起始的历史，而在此之前，何种物理规律在起作用至今还不清楚。宇宙从那时起迅速膨胀，使密度和温度从原来极高的状态降下来，紧接着，预示质子衰变的一些过程也使物质的数量远超过反物质，如同我们今天所看到的一样。许多基本粒子在这一阶段也可能出现。过了几秒钟，宇宙温度就降低到能形成某些原子核。这一理论还预言能形成一定数量的氢、氦和锂的核素，丰度同今天所看到的一致。再过了大约 100 万年，宇宙进一步冷却，开始形成原子，而充满宇宙中的辐射则在宇宙空间自由传播。这种辐射称为宇宙微波背景辐射，如今它已经被观测所证实。大爆炸理论还预言这种宇宙射线是无质量或无电荷的基本粒子。

大爆炸模型还与以下几个观测事实相符：

（1）该理论认为所有恒星都是在温度下降后产生的，因此任何天体的年龄都应比自温度下降至今的这一段时间短。各种天体年龄的测量都证明了这一点。

（2）观测到河外天体有系统性的谱线红移，而且红移与距离大体成正比。如果用多普勒效应来解释，那么红移就是宇宙膨胀的反映。在 2012 年证实这是宇宙学红移，而非多普勒红移。在宇宙学红移中，光波的波长是在传播过程中随空间的膨胀而发生变化的。光谱线的红移就是宇宙膨胀的反映。

（3）在各种不同天体上，氦核的丰度相当大，而且所占份额都为 1/4。用星系形成后恒星核反应机制来推算不足以产生如此多的氦。以太阳为例，太阳中由 4 个氢合成 1 个氦的核反应所能产生氦核的速度是很缓慢的，在几十亿年时间内，大约只有 5% 的氦核是恒星核反应合成的。这说明，现在天体上存在的氦不是在宇宙生成后产生的，而是宇宙形成时的原初核。根据大爆炸理论，宇宙早期温度很高，产生氦的概率也很高，则可以说明氦核份额高这一事实。

（4）根据宇宙膨胀速度以及氦丰度等，可以具体计算宇宙每一历史时期的温度。

12.3　宇宙形成的最初 3 秒钟

12.3.1　时间与空间的起点

时间与空间是随原始大爆炸形成的，科学家把世界时钟开始的时间定为 10^{-43} 秒，我们把这个时间称为普朗克时间，并定义普朗克长度为 10^{-33} 厘米。根据量子力学的推断，当长度小于 10^{-33} 厘米、时间小于 10^{-43} 秒时，物理学规律就失去了意义。在这个大爆炸瞬间所得到的能量是 10^{19} 吉电子伏特。开始时只有一种粒子和一种力，即引力，从这个时刻起，原来密集的能量球发生了变化，不同的粒子产生了又消失（根据爱因斯坦的观点，物质与能量等价，即物质粒子有可能变成纯粹的能量，也就是辐射；反之亦然）。

12.3.2 宇宙的最初 3 秒钟

在第 10^{-43} 秒内，温度达到 10^{32} 摄氏度，这时物质与反物质等量地存在，不断地湮没，而高能量的辐射也不断地生成新的物质与反物质。

在第 $10^{-43} \sim 10^{-42}$ 秒内，宇宙发生了膨胀，从 10^{-28} 厘米（小于一个质子的线度）扩张到 10 厘米范围。所有长度都通过超光速的膨胀而变大，并使各部分相互分开，并且产生了物理学的 4 种力（除了大爆炸前已存在的一种力即引力外，又产生了电磁力、核力和弱相互作用力等三种新的力）。在 10^{-43} 秒内也发生了一件对我们很重要的事情，即物质粒子对反物质粒子开始有了极其微小的过剩——比例是 10 亿对物质粒子与反物质粒子中正好多了一个物质粒子，这个粒子在反物质粒子中将找不到它所对应的反粒子。这个微小得可笑的不平衡正是我们现今物质世界的基础。因为所有的物质与反物质之后不断地成对湮没变成了光，这就意味着形成了 10 亿个光子加上一个物质粒子，而这个物质粒子变成了以后构成中子和质子的夸克。随着时间的延续和空间的扩展，原始的混沌继续冷却，这些物质和能量也逐渐扩展到更大的空间。此时，宇宙仍然是以辐射为主的能量形式占主要地位。

这里我们可能会产生一个疑问：高温辐射产生的物质粒子与反物质粒子是成对产生、成对湮没的，那么，为什么会有极少数的物质粒子多余出来呢？这涉及自然规律中的一些对称性破缺的问题。这都是粒子物理中正在研究的问题，这里不加阐述。

从 10^{-35} 秒（温度冷却到 10^{28} 摄氏度）到 1 秒（相当于温度冷却到 10^{10} 摄氏度），这个时间段宇宙变成一个粒子的世界（在此之前的宇宙则是一个辐射的世界），经历了各种粒子的产生及不同类型的相互作用的分离等粒子物理所研究的过程。这些过程为宇宙的演化奠定了基础。此时夸克开始稳定成粒子，但是过高的辐射还是要破坏夸克聚集成稳定的原子核构成物——中子和质子。宇宙继续扩展至温度下降到 10^{15} 摄氏度，在第 10^{-10} 秒时，中子和质子变得可以产生了，每 3 个夸克聚集成一个中子或质子，当然也有其他粒子的产生与消失——电子、正电子、胶子、W 粒子和 Z 粒子。这些粒子借助于电磁场加速和相互碰撞构成现今世界存在的有关的各种粒子。

随着宇宙的扩张，能量密度和温度也进一步降了下来。它已经不足以使光子产生新的夸克了。已有的夸克与反夸克相互湮没，而光子却留了下来。此时的光子温度仍然足够高，可以产生质子-反质子对和中子-反中子对；中子和质子还可以通过与正、负电子以及正、反中微子的弱相互作用而互相转化，从而使中子和质子之间保持一定的比例。该比例由中子-质子的质量差和当时的温度所决定。当温度降低到一定程度后，中子与质子之间的转化就不可能再发生，中子与质子的比例也就固定下来了。这是大爆炸 1 秒钟时的情况，对应温度降到了 10^{10} 摄氏度，此时中子与质子的比例为 0.22 倍。

以上描述的宇宙 1 秒钟内变化，是人们对大爆炸的遗迹的天文观测结果和利用粒子物理学的规律推断出来的。

我们已经知道，自由中子是不稳定的，它的半衰期大约为 10 分钟，如果不躲进原子核，它就不能被"保存"下来。最简单的办法是：如果一个中子和一个质子能得到光子提供的能量 2.2 兆电子伏特，就会组成一个氘核，在核内质子与中子由于核力的作用，结合得十分紧密，这样中子就能"保存"下来了。但是即使氘核已经生成，也可以被一个能量大于 2.2 兆电子伏特的光子击中而重新分解成自由中子和质子，所以此时的中子还是不能被"保存"。等时间到了大爆炸后 3 秒钟，宇宙温度降到了 10^9 摄氏度。此时光子能量低得已经不足以使氘核分解，于是中子与质子构成了第一批稳定的氘核；然后以氘核为"种子"，逐步形成更重的氦核、锂核。根据中子的半衰期推断，3 秒钟时，中子与质子的比例已经从 0.22 降到了 0.15，这与天文观测宇宙大约是由 3/4 的氢和 1/4 的氦组成十分接近，从中推断出中子与质子的比例为 0.12。

我们今天看到的世界，它的基础在宇宙最初的 3 秒钟以后就已经被创造出来了。这时生成的原子核只有 5 种，它们是氢核、氘核、氦核（^{3}He 和 ^{4}He）和锂核。这些核是宇宙系统温度从 10^{10} 摄氏度降到 10^9 摄氏度时开始合成的"原初核"。宇宙中氢核的丰度最高，其次是氦核，分别接近 3/4 和

1/4，其他核素总共才占 1% 不到。

12.4　3秒钟后的宇宙

30万年后，宇宙温度降低到 6000 摄氏度，又发生了一件重大事件——原子核俘获了电子而变成了原子，形成了氢、氦和锂原子。此外，光子即辐射可以不受阻碍地在宇宙中漫游了。而以前，它们只是被撒在自由运动的电子周围的，宇宙现在变得透明，光子的能量也不再破坏原子的构成了。在这个阶段，星系和恒星开始形成。

6000 摄氏度的温度，相当太阳表面的温度。它对应的波长是紫外线范围。随着时间的漂移，温度会继续下降，原始光子的波长也会继续变长，10亿年后，温度变为 18 开尔文，150 亿年后，变成 2.7 开尔文，并且构成了我们观察到的宇宙的背景辐射。

从物质层面看，最初的原子形成10亿年后，氢原子与氦原子构成了云，万有引力将这些宇宙物质集聚成恒星。引力使其密度不断提高，引力势能转变为系统热能，从而使恒星内部温度与压力不断提高，当温度为 10^7 摄氏度时，恒星内部产生核聚变，两个氢核聚变成氦核，同时恒星开始发光。向内压缩的引力和向外的光压力达到平衡，恒星开始了它的青年期，称为主序星。当恒星的氢燃料耗尽时，恒星又向内压缩，内部温度进一步提高到 10^8 摄氏度时，氦核聚变成碳并放出能量，这是恒星的红巨星阶段。这一阶段比主序星阶段要短。当恒星的燃料储备接近完结时，恒星继续收缩，进入老年期，由于引力坍缩，发生了超新星爆炸。顺便解释一下引力坍缩。恒星其实是一种气团（大部分是由氢组成的），因自身的引力而聚在一起，氢不断碰撞发生核聚变反应，当氢聚变成氦时，放出大量的热使恒星发光，在发光的同时，气团的温度升高，使其内部压力增高，压力与自身的引力平衡而使恒星维持在稳定的状况，最终当恒星消耗完它的氢和其他核燃料后，压力减小，引力的作用使其体积不断向内收缩，这就是引力坍缩。恒星最终变成密度极高的白矮星或者中子星和黑洞，有时它会爆发并向空间抛出大量物质，这种恒星死亡前的爆发又称为超新星爆炸。超新星爆炸持续的时间是很短的，但是发出比平时亮千万倍的光。此时发生了非常重要的一步——通过超新星爆炸的核聚变，构成了我们今天周期表的重元素，如碳、硅、氧和铁。这些元素的原子又构成了各种分子。又经过不计其数代超新星的爆炸，更重的元素形成，然后生命就形成了。据说地球上生命的起源是某种黏稠的原始原生质，而后发展成如今生物圈这样复杂、繁荣的生态系统。

12.5　宇宙的命运

按照上述宇宙形成的大爆炸理论，可以合理推测宇宙有两种可能的结局，即它可以永远膨胀下去，或者它会坍缩而在大挤压处终结。

根据观测结果，我们发现宇宙的膨胀速度在以往的100亿年时间内是逐渐变慢的，但是它始终以大于区分膨胀与坍缩速率的临界速率之间的速率而膨胀着。宇宙是否能一直膨胀下去，或者到了某一时刻，膨胀停止然后开始收缩，最后回到宇宙的起点，与12.4节中描述的恒星的结局相似。有什么科学的预测呢？

有各种模型和学说，但是由于宇宙的复杂以及可观测结果的局限，不得不作各种近似和简化，最后预测结果五花八门。有的说，如果广义相对论成立，宇宙将会以它形成的逆过程最后坍缩在一个奇点，或者周而复始再开始下一次过程。有的认为，按照量子力学与引力场理论的结合，宇宙没有开端，它是自足的，有限并且无界的，暗示着并不存在终结等。

12.6　宇宙学的未来

目前，现代宇宙学已经利用现代物理学尤其是核科学的成果，在爱因斯坦的广义相对论、质能等效定律以及量子力学的理论基础上，对宇宙的起源作了描述，这就是大爆炸理论，与已有的观测结果一致。但是对宇宙是否有一个开端，在宇宙起源的 10^{-43} 秒之前现有的物理定律都失效的情况下，是否有一个有效的方法去描述它，至今还没有形成一致的看法。要想预言宇宙的未来，更是一个复杂的问题。基于爱因斯坦的广义相对论的大爆炸理论至少存在以下四个重要问题未被解答。

（1）为何早期宇宙如此之热？

（2）为何宇宙在大尺度上如此一致？

（3）为何宇宙在介于坍缩和无限膨胀之间的速率中膨胀了 100 亿年？

（4）为何宇宙在大尺度均匀的情况下又存在局部的无规性，如星系、诸星？

为了解释这些疑问，发展了诸多关于宇宙大爆炸早期的宇宙模型，如暴涨模型、新暴涨模型、紊乱暴涨模型等。暴涨模型认为在早期宇宙可能存在过一个非常快速膨胀的时期，在远小于 1s 的时间内，宇宙的半径增大了 10^{30} 倍，在这样一种加速膨胀过程中，开始宇宙的任何不规则性都将被抹平，就像现在看到的宇宙在各方向的均匀一致的状态（可以用吹气球来比喻），而随后宇宙再由于引力的作用进入目前所处的缓慢减速膨胀的状态。至于为什么宇宙中会有那么多物质，暴涨模型也作出了解释。在宇宙开始时，总能量是等于零的，从爱因斯坦的质能公式中可知质能之间是可以转换的，因此，物质可以认为是由正能量构成的，物质之间由于质量而互相吸引，而把物质拉开的引力场则可以认为是一种负能量。所以在宇宙进入膨胀状态后，宇宙的体积加倍，此时正物质能与负引力能都加倍了，而宇宙的总能量却仍为零，因为零的加倍还是等于零。这样，用于制造粒子的总能量可以变得非常大，宇宙就这样从"一无所有"变成了如今的无边无垠的物质世界，有人把这称为"最彻底的免费午餐"是不无道理的，从某种意义上说宇宙是真正的"无中生有"。暴涨理论解释了部分宇宙开端的问题，下面介绍霍金量子引力论作出的解释。

英国著名物理学家史蒂芬·霍金证明了，在经典广义相对论的框架中，一般条件下，空间-时间一定存在一个奇点，宇宙大爆炸处就是一个奇点，在奇点处，所有定律和可预见性都失效。奇点可以看成空间时间的边缘或边界。要预测宇宙的演化，必须要给出边界条件，而这个边界条件只能是宇宙外的造物主给出，这就是所谓的第一推动。而在大爆炸处引力场变得如此之强，以至于量子引力效应变得重要，经典广义相对论失效。如果将量子力学和引力结合在一起，就没有奇点，空间-时间就没有边界，就不需要上帝的第一推动了。

霍金提出：宇宙的量子态是处于一种基态，空间-时间可看成一有限但无界的四维面，正如地球表面一样，只不过多了两维。宇宙中的所有结构都可以用量子力学的测不准关系带来的起伏来解释，如恒星、星系的成团结构和大尺度的各向同性和均匀性的矛盾就变得可以理解了。霍金的量子宇宙论是一个自足的理论，原则上可以预测宇宙的一切。如果宇宙确实是自足的，没有边界或边缘，既没有开端也没有终结——它就是存在的。

霍金认为，他的贡献是：在经典物理的框架中，证明了黑洞和大爆炸奇点的不可避免性，黑洞越变越大；在量子物理的框架中，黑洞因辐射而变得越来越小，大爆炸奇点不仅被量子效应抹平，而且整个宇宙正是起源于此。

我们回顾本书第一章中最后部分介绍的大统一理论，人们期望有这样一种理论，可以把制约自然界的4种基本力统一起来，得到一个宇宙的终极理论，可以对已经观测到的天体现象作出合理解释，并可以预言宇宙的未来。目前，已经建立了除了引力之外的其余3种力的统一理论。在宇宙学中，制约引力的定律尤为重要。我们知道：虽然引力是自然界4种力中最弱的一种，两个电子间的引力只有其电磁力的10^{-43}倍；但是引力是万有的，每一个粒子都因其质量或能量而感受到引力；引力又是长程的，而且总是吸引的。太阳和地球之间的引力使地球围绕太阳公转，就是因组成太阳和地球的所有粒子的微弱引力的叠加产生的。而其他3种力则是短程的，或者吸引或者排斥，在大的尺度上或者等于零，或者吸引与排斥互相抵消而不产生效应。是引力的作用使得宇宙在大尺度上构造成形，广义相对论的时空弯曲也是由引力场的存在所致的，引力与广义相对论相关，而其余3种力则基于量子力学。虽然现今量子引力理论还不是一个完整而协调的理论，但是它的一些特征已经显现出来，可以说霍金的工作对建立宇宙统一理论是一种推动。

如果建立了宇宙的终极理论，而且是统一的、其一般原理能为普通人所接受的，就能回答宇宙万物是从哪里来的，我们是从哪里来的问题。这将是人类理智和科学的胜利。

结语

　　本章与以前各章不同，是介绍核物理和基本粒子物理学在天体物理中的应用。

　　核科学揭开了微观世界的神秘面纱，使我们能遨游在原子核及其组成的亚原子世界。同时，核科学的许多知识和研究方法又与宇宙学交叉在一起，将宇宙学带入了物理学的领地，开创了近代宇宙学的时代。人们朝着认识宇宙万物本源的方向又前进了一大步，让我们看到在宇宙巨大的尺度上借助于核科学表示的描述万物起源与其遵循的定律的壮观、优美和和谐。核科学也在与其他学科的交叉中不断地发展自己。

第十三章

核科学的未来

我们沿着一个多世纪以来的核科学技术发展的轨迹一路走来，已经对核科学和技术的历史和发展有了一个初步的了解。一个多世纪以来，核科学技术所取得成就是伟大的，不仅使人类对原来物质层次的认识从原子层次进入到原子核和基本粒子层次，颠覆了原子不可分的观念和以牛顿力学为基础的经典物理学，朝着人类追求物质本源的理想方面又前进了一大步，而且更为重要的是核科学技术已经渗透人类生活的方方面面，起着不可替代的作用。在这种情况下，我们有必要思考未来的路怎么走。

从低能核物理的角度看，待研究的理论问题已经不是很多了，余下的是技术和方法问题，也就是应用的问题。例如，如何制作出更大的灵敏的探测器，如何提高核能源的能量转换效率和安全性，如何利用核辐射的物质效应以及将核科学技术与其他学科结合起来等。

高能领域未知的问题较多。以宇宙学为例，在宇宙的极大尺度上，星球之间的距离以光年来计算，时间以亿年为单位，要取得实验观测结果是比较困难的，现在宇宙学家的宇宙模型都是建立在已经观测到的结果上的，如在星球、星系的演变过程中白矮星、中子星和黑洞的存在与演变规律，宇宙中暗物质的存在与性质等都需要证据，需要可靠的观测手段和数据，而高能物理则提供了观测宇宙现象的重要手段。高能物理的实验是非常昂贵的，需要超大型的粒子加速器、大体积的高灵敏度的探测器等。这些学科的需要也成为高能物理发展的强大动力。

核科学技术的发展应该是可以持续的、顾及自然生态环境的平衡和保护的。以核电站为例，需要考虑的问题非常多，不仅有核科学技术本身的问题，还有环境问题、科学人文问题，应该考虑其对技术发展的制约。冷静低调而有节制地发展核技术，取消、淘汰某些落后的技术和装置，克服盲目的功利主义、地方主义，让核科学技术得到更健康的发展。

13.1　未来的核科学技术将继续为其他领域的发展提供武器

在核科学与技术的历史进程中，最大的也是最初的应用是在能源领域。

核能的首次利用是在核武器，随后是核电站，源于原子核破碎所释放的巨大能量是任何其他传统能源无法比拟的，未来的核科学技术将继续推出更加高效、安全的核电技术。目前我国在建的核电站占世界在建核电站的一半，大多采用的是先进的反应堆堆型。在 2011 年日本福岛核电站事故后，我国曾叫停了所有计划中和在建的核电站，在整顿后又开始复苏。在重视环境保护的今天，为了减少雾霾，我国又推出了加速研发新型钍基熔盐堆（TMSR）的计划。2015 年 1 月，中国科学院在上海成立卓越创新中心，旨在全球首先实现钍基熔盐堆的工业化应用（美国在二战时期研制原子弹时就开展过钍基熔盐堆的原理研究，但是因为技术问题至今没有实现商业应用）。钍基熔盐堆可释放的能量数倍于铀反应堆，且我国有世界前二位的钍储量，使得人们对该技术寄予厚望；位于安徽的中国科学院合肥物质科学研究院，不久前建成全球最大的加速器反应堆实验平台，该设备为铅基反应堆技术的研制提供了基础；北京的快中子增殖反应堆将在年内满功率运行；山东石岛湾的高温气冷堆核电站示范项目也已开建（全球首个第四代核电技术商业化示范装置）。估计在不远的未来，中国核电占总发电量的比值将从不到 1% 发展到 5% 甚至更高。

核科学与医学的交叉诞生了核医学学科，应用射线对人体组织的辐射生物效应杀灭肿瘤细胞已经成为医学上的一种常规治疗手段，而且在短期内不能被替代。目前国内已有 100 台以上的加速器正在用于放射治疗，而基于电子束、γ 射线、X 射线的医用加速器的缺点也就呈现出来。为此发展出粒子治疗方法，基于质子、碳离子的医用加速器正在研制、发展中，粒子束在组织中的比电离曲线尾部存在一个布拉格峰，充分利用这个特性可以将布拉格峰的峰位放置在肿瘤区，减少了对正常组织的照射，提高了治疗效果。只是质子加速器的体积很大，造价昂贵，如果要采用效果更好的重离子（如碳离子）作为辐射源，效果比质子要好，但是加速器体积更大，造价更高。这意味着医用加速器从量的增加发展到质的飞跃，追求更好的治疗效果，使用更新的核技术成果为人类服务是核医学的发展方向。

在国民经济的各部门，与能源和医学领域一样，都将更进一步利用核科学与技术的新发展，来推动本领域的进步。

13.2　未来的核科学技术将淘汰过时的理论和落后的技术

　　回顾核科学技术发展史上的所有理论和模型，当时认为是正确的，过后看来却是错误的例子比比皆是。当卢瑟福的太阳行星的原子模型提出时，是多么的光彩夺目，多么的完美，人们都欣然接受，但是，如果绕核旋转的电子的确有轨道，根据电动力学的理论，电子必将会在其运动的切线方向产生辐射，连续损失能量，并向原子核靠拢，最后整个原子就会崩溃。而事实上原子却是一个稳定的结构。这证明卢瑟福的模型是错误的，取而代之的是量子力学的更加完善的理论。例如，利用核物理的理论解释宇宙的形成是源于一场大爆炸的推测，能解释当时哈勃望远镜观察到的宇宙在膨胀等结果，为大多数人们所接受，但是大爆炸起源说也不完美，有更多的现象是原始的大爆炸模型所不能解释的，人们要补充、修正和更新这些理论模型。由于人们对自然的认识是无止境的，所以终极的理论是不存在的，核科学和技术也是永远处于试验阶段，不会有终点。

　　从技术层面上看，核技术经过一个多世纪的发展已经成熟，但是，核技术中有待改进和创新的领域广泛存在，总是不断淘汰已经落后的技术，发展新兴的技术。例如，用电子束辐照烟道气脱硫的技术就已经被淘汰。20世纪70年代，为了解决使用化石燃料排放的二氧化硫引起的大气污染和全球变暖，我国曾经研制过电子束脱硫的技术，进行过多年的原理、实验室研究、试制样机，直至在成都双流建立了世界上首个示范基地。但是，由于设备腐蚀问题无法解决，并由于湿法处理技术的进步，电子束烟道气处理（也称干法处理）早已偃旗息鼓；核电站的发展也是如此，几乎每一次核电站的事故，如反应堆堆芯融化、反应堆爆炸等，都促使旧的堆型被淘汰，新的技术被应用。

我国自主研制的"华龙一号"是基于西屋的 AP1000 反应堆改进的第三代核电技术，如能成功应用并推广，对实现我国的加速发展核电产业和实现我国核电设备的出口会有一定的推动作用。

13.3　未来的核科学技术发展必须是可持续的

2000 年，为了强调人类在地质和生态中的核心作用，诺贝尔化学奖得主保罗克鲁岑提出我们生存的地质年代已经进入"人类世"的说法。也就是说，从 1945 年第一颗原子弹爆炸开始，人类便成为对地球系统产生巨大而不可忽视影响的力量，在未来的几万年内人类仍然是一个主要的地质推动力，使用核能的痕迹将会在地质层中被记录。

虽然核能从原子核的桎梏中释放出来会带来破坏，可发展核科学技术的目的就是为了制约核能这个不驯服的孩子，让它乖乖地听从人们的指挥。核电站就是驯服核能的最好例子，人们还能做得更好。以奥克洛核天然反应堆为例，这个在 20 亿年前寒武纪曾经发生过的核裂变反应，持续燃烧了 50 万年，在当地有 16 处遗迹。考察发现，当地裂变反应产生的废物在久远的历史年代中几乎没有发生过迁移。这印证了将核废物集中保存在土中是安全的，而且现在核电站设计中还有冗余的保护措施。

在核科学初期发展阶段，人们因缺乏经验对自然界做的盲目而无意的破坏如今不能再延续，核科学技术的发展必须是顾及环境的、谨慎而有节制的，不能因为短暂的利益驱使而破坏我国子孙万代的基业——我们共同的地球家园。

13.4　未来的核科学技术要继续发展先进技术

以核能技术为例，核能是核科学技术的典型应用，在能源结构中核能所占比例要根据不同国家、地区的具体情况决定，水力、风力资源丰富的地方，能源结构就不能与化石资源丰富地方的能源结构一样；我国是一个缺铀矿的国家，到目前为止，我国已建成核电的装机容量不过 20 台，在建的共 50 台左右。我国核能占整个能源结构的比例还不到 1%。要改变这种能源结构不合理情况，除了积极、谨慎地发展在建的核电机组外，根据我国的具体条件，还要加大先进的快中子增殖堆和钍基熔盐堆等先进核电系统的研制和投入。快中子增殖堆是使用不能裂变的 ^{238}U（从铀堆烧过的燃料棒中提取）吸收快中子，转换为可裂变的 ^{239}Pu 作为核燃料的 ^{239}Pu 裂变发电的结果，反应堆中产生的 ^{239}Pu 要比损耗掉的多，这样可以对紧缺的铀资源加以充分利用，对于天然铀的利用率可增加 70 倍。而钍基熔盐堆采用我国矿物储量丰富的钍，钍基核燃料具有钍（^{232}Th）／铀（^{233}U）转换效率高、在热中子堆中也可实现核燃料的增殖、产生较少的放射性毒素、有利于防核扩散的优点，但是面临的技术难关也很多。

加速器驱动次临界系统（ADS）是中国科学院未来先进核裂变能项目之一，它是加速器和反应堆的结合体，它的主要目标是：充分利用可裂变的核资源，使 ^{238}U 高效转化为易裂变 ^{239}Pu 核，或开发利用钍资源；可嬗变危害环境的长寿命核废物为短寿命的核废物，以降低放射性废物的储量及其毒性，而 ADS 本身在产能过程中，产生的核废物却很少，基本上是一种清洁的核能；提高公众对核能的接受程度，因为 ADS 是一个次临界系统，可得到根本上杜绝核临界事故的可能性。

继续发展先进的核能技术，建设新型的聚变-裂变混合核电站的研究也在进行中，比较可行的是以 ITER 聚变装置作为驱动，以钍铀裂变装置作为包层的混合堆，既可发电又可生产可裂变材料钚。

最终，"人造太阳"——聚变反应堆也将被攻克，可控的实用的聚变核电站才是真正洁净的、绿色的能源。

在对微观世界的探索上，核分析使分析手段发生了革命，而加速器质谱仪、加速器驱动次临界系统、同步辐射装置等，又颠覆了原有的核分析技术，使人们对微观世界的观察更深入、更细致、更快捷。在对宇观世界的研究中，更需要核科学理论的发展，包括在实验室中进行的设计、模拟实验，验证观察到的宇宙现象，建立理论模型去解释它。另外，设计理论实验、计算机模拟实验等，对条件苛刻和昂贵的实验采用计算机模拟是一个绝妙的方法。核科学技术将揭开物质世界无穷无尽的奥秘，使人类能看得更清，走得更远，生活得更美好。

参 考 文 献

比尔·布莱森. 2005. 万物简史. 严维明等译. 北京：接力出版社: 97-152.

布鲁恩·康恩. 2006. 环保学家谈核能. 罗健康译. 北京: 原子能出版社: 174-184.

哈鸿飞, 吴季兰. 2012. 高分子辐射化学——原理与应用. 北京: 北京大学出版社.

江绵恒, 徐洪杰, 戴志敏. 2012. 未来先进核裂变能——TMSR 核能系统. 中国科学院院刊, 27（3）: 366-374.

林敏, 叶宏生, 李华芝, 等. 2009. 辐射加工剂量体系的研究进展. 原子能科学技术, 43: 184-189.

刘洪涛, 等. 2001. 人类生存发展与核科学, 北京: 北京大学出版社: 69-75, 131-140.

史蒂芬·霍金. 1996. 时间简史. 许明贤等译. 长沙: 湖南科学技术出版社: 44-131.

王祥云, 刘元方. 2007. 核化学与放射化学. 北京: 北京大学出版社: 340-360.

吴明红, 包伯荣. 2002. 辐射技术在环境保护中的应用. 北京: 化学工业出版社: 122-153.

王传珊, 王朝壮. 2007. 太阳同步轨道电子与质子对卫星的电离和非电离能损. 清华大学学报, 47（S1）: 1013-1017.

王传珊, 罗文芸, 黄伟. 同步辐射装置辐射屏蔽计算的探讨. 上海大学学报, 2002, 8（5）: 452-455.

王传珊, 周树鑫, 方晓明, 等. 用 FNA 技术识别隐蔽爆炸物的研究. 上海科技大学学报, 1994, 17（2）: 167-171.

王传珊. 2011. 核辐射离我们有多远. 上海: 上海大学出版社.

徐加强. 2014. 上海光源光束线站的屏蔽设计研究. 上海应用物理研究所博士学位论文.

杨朝霞. 2014. 质子治疗装置治疗头束流调制与传输的模拟计算研究. 上海应用物理研究所博士学位论文.

詹姆斯·马哈菲. 2011. 原子的觉醒. 戴东新等译. 上海: 上海科学技术文献出版社: 70-113.

詹文龙, 徐瑚珊. 2012. 未来先进核裂变能——ADS 嬗变系统. 中国科学院院刊, 27（3）: 375–381.

Wang J, Du J, Chen C, et al. 2011. Electron-beam irradiation strategies for growth behavior of tin dioxide nanocrystals. The Journal of Physical Chemistry C, 115: 20523-20528.

Wu M H, Liu N, Xu G, et al. 2011. Kinetics and mechanisms studies on dimethyl phthalate degradation in aqueous solutions by pulse radiolysis and electron beam radiolysis. Radiation Physics and Chemistry, 80: 420-425.

后　记

我在上海大学射线应用研究所从事科研与教学工作多年，对自己所钟爱的专业——核科学技术怀有特殊的感情，同时对核科学技术的入门教材的匮乏深有感触，故此愿尽自己的绵薄之力，尝试用通俗的语言去阐述有关的科学原理和最新发展，将自己的知识积累和工作感悟与广大读者分享，为核科学技术普及作一份贡献，并对该专业感兴趣的读者有所裨益，是我们最大的愿望。

本书是在2011年福岛核事故以后开始构思的，如何走出核事故的阴影，消除人们对核技术的偏见？真实地还原核科学技术发展史，使人们了解历史，揭开核神秘的面纱，全面了解核科学技术的应用，正确看待新科技的发展及带来的社会问题。这就是我们写这本书的初衷。

感谢上海应用物理研究所的盛康龙教授和上海大学的包伯荣教授，他们对书稿进行了审核并提出了宝贵意见，使本书增色不少；感谢上海大学徐刚教授的大力支持，为本书的写作提供了必要的条件，并参与一定的修编及出版等工作；感谢上海同步辐射光源徐加强博士、上海应用物理研究所杨朝霞博士、上海新华医院查元梓物理师等为本书提供的资料与实例。感谢上海大学射线应用研究所的研究生：史茗歌参与了M-C方法和核技术在环境方面应用的写作；冯涛参与了核科学基础与核能应用的写作；陈攀负责全书的图表工作并参与了核辐射应用部分的写作；段欣参与了本书的修改工作。没有这几位同学的努力，本书是不可能顺利出版的。